HANS DONAT · MEHR MEILEN MIT WENIGER SPRIT

HANS DONAT

Mehr Meilen mit weniger Sprit

VERLAG KLASING & CO GMBH, BIELEFELD

ISBN 3-87412-078-3

© Copyright by Klasing & Co. GmbH, Bielefeld
Printed in Germany 1984
Alle Rechte vorbehalten
Text, Zeichnungen und Fotos: Hans Donat
Unter Mitarbeit von Sigrid Linnecken, Heike Dien,
Adi Franzen, Renate Schöning und Imke Schröder
Umschlag: Hans-Jürgen Dohse
Druck: Druckerei Ludwig Auer, Donauwörth

Inhalt

Vorwort 8
Einführung 9

1. Mehr Meilen durch ...
richtige Einschätzung der Verluste 13

Die unsichtbaren Verluste oder die Energie-Bilanz 14
Das eigene Boot richtig beurteilen 16
Leistungsgrenzen des Bootes 18
Motorisierung 20
Der richtige Propeller für Ihr Boot 28
Propeller-Beispiele 30
So finden Sie Ihren Propeller-Wirkungsgrad 34
So finden Sie Ihren optimalen Propeller 35
Propeller-Maße und -Geschwindigkeit 36
Slip des Propellers 40
Nachstrom- und Anströmgeschwindigkeit 42
Propeller-Leistung und -Drehzahl 44
Propeller-Belastungsgrad 46
Steigungsverhältnis des Propellers 48
Propeller-Wirkungsgrad 50
Motor und Propeller 56
Propeller-Abstimmung 58
Charakteristisches Fahrverhalten von Booten 60
Fahrverhalten von Verdrängern 61
Fahrverhalten von Halbgleitern 64
Fahrverhalten von Gleitern 67
Krankheiten im Fahrverhalten von Gleitern 70

2. Mehr Meilen durch ...
richtige Betriebsbedingungen und Wartung 73

Motorüberwachung 74
Öldruckkontrolle 74
Ladekontrolle 76
Kühlwassertemperatur 76
Mehr Sicherheit durch akustische Warner 77
Drehzahlmesser, das Schlüsselinstrument 77
Geschwindigkeitsmessung 81
Genaue Geschwindigkeitswerte 81
Kontrolle des Logs 82
Fahren mit dem Log 83
Richtige Betriebsbedingungen für den Motor 85
Luft zur Verbrennung 85
Kraftstoff-System 86
Auspuff als Spiegel der Verbrennung 86
Kühlwasser zum Abtransport der Wärme 87
Schmieröl für das lange Leben 88
Werterhaltung 89
Schneller ohne Bewuchs 90
Propeller-Schäden 91

3. Mehr Meilen durch ...
richtiges Trimmen und Fahren 95

Der optimale Trimm Ihrer Yacht 96
Trimm in Ruhelage 96
Trimm in Fahrt 98
Trimmwinkel des Bootes 100
Optimierung des Trimms 104
Wirtschaftlich fahren 108
Geschwindigkeit und Verbrauch 112
Verbrauch und Trimm 114

Was bringen Trimmklappen? 116
Staukeile oder Trimmklappen? 123
Optimale Trimmklappenstellung 126
Daten von der Meßstrecke 127

Anhang 129
Pferdestärken / Kilowatt 129
Kilowatt / Pferdestärken 130
Kilometer – Seemeilen / Seemeilen – Kilometer 131
Zoll – Zentimeter / Zentimeter – Zoll 132
Meter – Fuß / Fuß – Meter 133
Fuß – Zentimeter / Zentimeter – Fuß 134
Seemeilen – Landmeilen / Landmeilen – Seemeilen 135
Meßstrecke 136
Tabelle für Meßfahrten 137
Diagramm für Meßfahrten 138
Quellenverzeichnis 139
Stichwortverzeichnis A–Z 140

Vorwort

Nach vielen Tests, Schleppversuchen und Untersuchungen im Rahmen der BOOTE-WERKSTATT, einer Sonderserie des Wassersportmagazins BOOTE, führte ich einen sehr breiten Dauertest durch, der über zwei Jahre lief unter dem Motto
„Mehr Meilen mit weniger Sprit".
Bei dieser Testserie, die Tausende von Messungen brachte, während der wir Hunderte von Tests aller westlichen Fachzeitschriften analysierten, entstand der Gedanke zu diesem Buch. Kaum ein Thema hatte jemals so viele Eigner auf den Plan gerufen, die das Bedürfnis hatten, ihr Boot in dieser Hinsicht zu optimieren, um die unsichtbaren Verluste zu lokalisieren und, wenn möglich, zu beseitigen.
Bei allen Untersuchungen zeigte sich ganz eindeutig, daß wirtschaftliches Fahren keineswegs nur mit der optimalen Einstellung des Motors zu tun hat, sondern im wesentlichen von der Abstimmung Rumpf, Motor, Propeller und später dem Trimm abhängt. Wenn diese Zusammenhänge optimal ausgewogen sind, fährt man wirklich wirtschaftlich.
Es sei noch darauf hingewiesen, daß die Diagramme, Kurven und Zahlen dieses Buches, die so theoretisch aussehen, zwar einen theoretischen Hintergrund haben, aber an sich rein empirischer Natur sind, d. h. aus der Praxis ermittelte Werte.
Das deckt sich auch mit meiner Auffassung, daß Theorie zwar gut ist, beim fertigen Boot aber hilft nur Praxis und fahren, fahren, fahren.

Hans Donat

Einführung

Die Fahrleistung von Booten läßt sich überschaubarer in Grafiken darstellen als in tabellarisch aufgelisteten Meßwerten. Diese Grafiken heißen Diagramme und sind der eingebildete Schrecken vieler Leute, obwohl sie jedem in vielerlei Form, z. B. als Fieberkurve, geläufig sind. Der Vorteil der so entstehenden Kurven liegt darin, daß sowohl eine Entwicklung als auch der Einzelwert sichtbar werden. Man bezieht die verschiedenen Werte wie Geschwindigkeit, Verbrauch, Literstrecke, Trimmwinkel, Lautstärke usw. im allgemeinen auf die Drehzahl des Motors und bekommt damit einen gut überschaubaren Eindruck dieser Größen vom Leerlauf bis zu ,,Voll voraus".
Will man Meßdaten verallgemeinern, so werden die Skalen auf Prozent umgerechnet, und schon kann man Boote und Motoren mit unterschiedlichen Propellern verschiedener Belastung miteinander vergleichen.
Durchdenken Sie den Verlauf dieser Diagramme, das ist nicht nur für die Lektüre dieses Buches wichtig.

Anmerkung:

Ich möchte hier noch ein Wort zum Rechnen mit Zoll, Knoten und Seemeilen sagen:
Selbstverständlich bin ich auch ein Verfechter des metrischen Systems und halte das Rechnen mit km/h, km und mm für einfacher. Solange wir aber in Seemeilen navigieren und Propeller in Zoll kaufen, würde die konsequente Anwendung des metrischen Systems die Mehrheit der Leser belasten. In vielen Fällen wurden Skalen von Diagrammen und Zahlenangaben in beiden Systemen gemacht. Konsequent genug läßt sich das aber kaum durchhalten, da es nur verwirrt. Falls Sie also dennoch mal umrechnen müssen, im Anhang sind Tabellen mit Umrechnungszahlen.

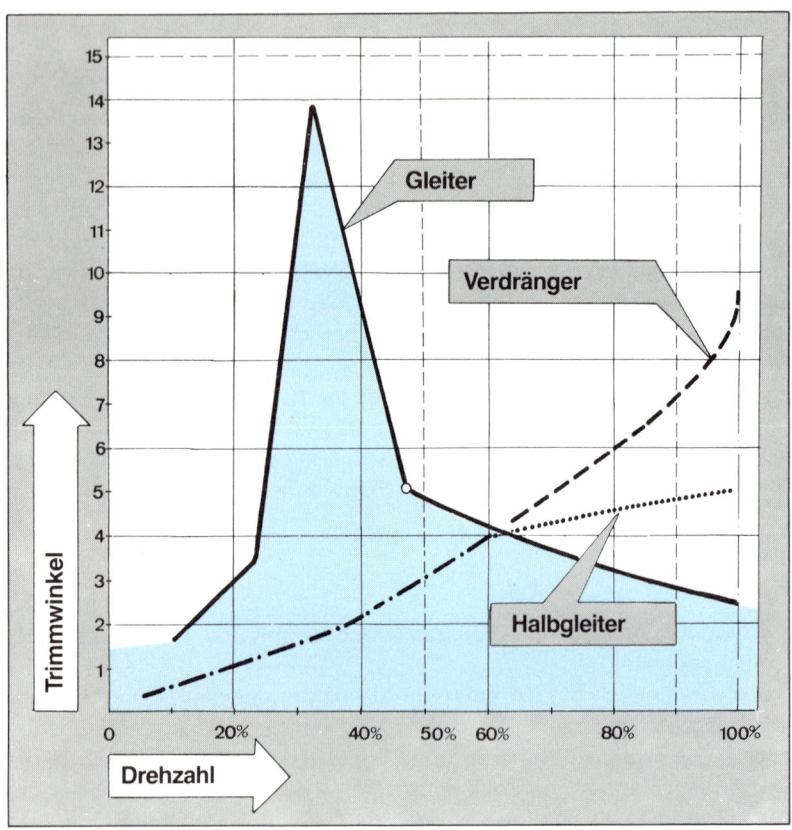

Diese Grafik zeigt über der Drehzahl eingetragen den Verlauf des Trimmwinkels von 0 bis ‚Voll voraus'. Der Trimmwinkel – das ist die Lage der Längsachse des Bootes zum Wasserspiegel. Sie liegt in Ruhelage horizontal. Der Trimmwinkel ist 0.

Die Drehzahlskala hat aber hier keine absoluten Werte, sondern Prozentzahlen, so daß Sie auch z. B. Ihr Boot vergleichen können. Nehmen wir an, Sie haben eine Nenndrehzahl von 5000 1/min, das wären dann 100%, und je 500 Umdrehungen, 10% weniger.

Diagramm A: Die Kurve zeigt den Verlauf der Geschwindigkeit bei steigender Drehzahl. Oben quer sind als Beispiel absolute Drehzahlwerte eingetragen, während unten die Prozentzahlen stehen. Dasselbe trifft auf die senkrechte Skala der Geschwindigkeit zu. Links die Prozentwerte, rechts die absoluten Zahlen.

Diagramm B: Die Kurve zeigt, wie sich der Verbrauch mit zunehmender Drehzahl verändert. Diese Wellenlinie mit dem fallenden Verbrauch ab 50% Drehzahl ist hier zwar sehr ausgeprägt, aber gleitertypisch, wenn alles optimal abgestimmt wurde. Das Boot wird am Beginn des „reinen Gleitens" sehr wirtschaftlich. Vorher beim Durchgang durch die Welle ist der Gashebel weiter vorne, der Motor verbrennt schlecht und der Propeller ist zu stark belastet.

Diagramm C: Dies ist das rechnerische Ergebnis aus den Diagrammen A + B. Es zeigt die Strecke, die man bei einer bestimmten Drehzahl mit einem Liter Kraftstoff zurücklegen kann.

Diagramm D: Zeigt das Verhalten des Rumpfes, wie bereits beschrieben, im Durchgang durch das Wellensystem, also auch hier ein gleitertypisches Verhalten.

Das blaue Feld markiert den wirtschaftlichen Fahrbereich, der hier wie bei gut motorisierten Gleitern zwischen 65 bis 85% der Nenndrehzahl liegt, was etwa 60 bis 80% Geschwindigkeit entsprechen.

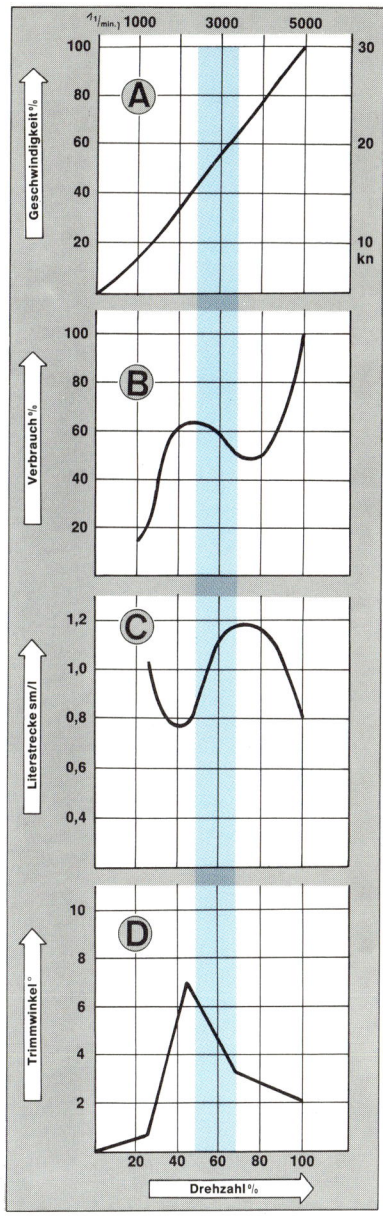

Mehr Meilen durch... 1

. . . richtiges Einschätzen des Bootes
. . . Sichtbarmachen der Verluste
. . . Optimierung des Propellers

Die unsichtbaren Verluste oder die Energie-Bilanz

- Wußten Sie, daß der Motor nur 35% der Energie aus dem Kraftstoff auf die Welle bringt und daß die meisten Propeller diesen Wert noch einmal halbieren? Anders herum gesehen, daß 1% Propeller-Wirkungsgrad etwa 6% Kraftstoff einspart. Das ist zwar nur eine Daumenpeilung, wenn der Propeller nicht optimal gewählt ist, aber 3 bis 4% Kraftstoff bringt 1% mehr Propeller-Wirkungsgrad auch im oberen Bereich.
- Wußten Sie, daß 20° wärmere Ansaugluft die Motorleistung bei gleichem Kraftstoff-Verbrauch um 10% reduziert?
- Wußten Sie, daß falscher Trimm 20% Kraftstoff schlucken kann, ohne mehr Geschwindigkeit oder mehr Strecke zu bringen?

Das sind nur drei der wesentlichen Aspekte aus der Verlust-Bilanz eines Bootes. Die Liste dieser Verluste ließe sich beliebig fortsetzen, doch das würde an dieser Stelle nur den Blick trüben. Natürlich sind die wichtigsten Kriterien, wie der optimale Propeller und der richtige Trimm ohne Test- und Meßfahrten sowie etwas vereinfachte Theorie schwer einzuschätzen, doch selbst wenn Sie am Ende dieses Buches feststellen sollten, daß Sie Ihr Boot ohnehin optimal fahren, kann das nur positive Auswirkungen haben.

Es kommt vor allen Dingen darauf an zu wissen, daß zwar ein schlecht eingestellter Vergaser oder ein falscher Zündzeitpunkt unnötigen Kraftstoff-Verbrauch bedeutet, daß diese Dinge aber vom Motoren-Fachmann sehr genau lokalisiert und ohne viel Aufwand beseitigt werden können. Bezogen auf den richtigen Propeller kann man das nicht ohne weiteres sagen. Es ist deshalb sehr wichtig, einmal zumindest ungefähr den Wirkungsgrad seines Bootes und besonders den des Propellers zu überprüfen. Und was den Trimm betrifft, so liegt es in Ihrer Hand, wie optimal Sie Ihr eigenes Boot fahren oder fahren wollen.

ENERGIE-BILANZ

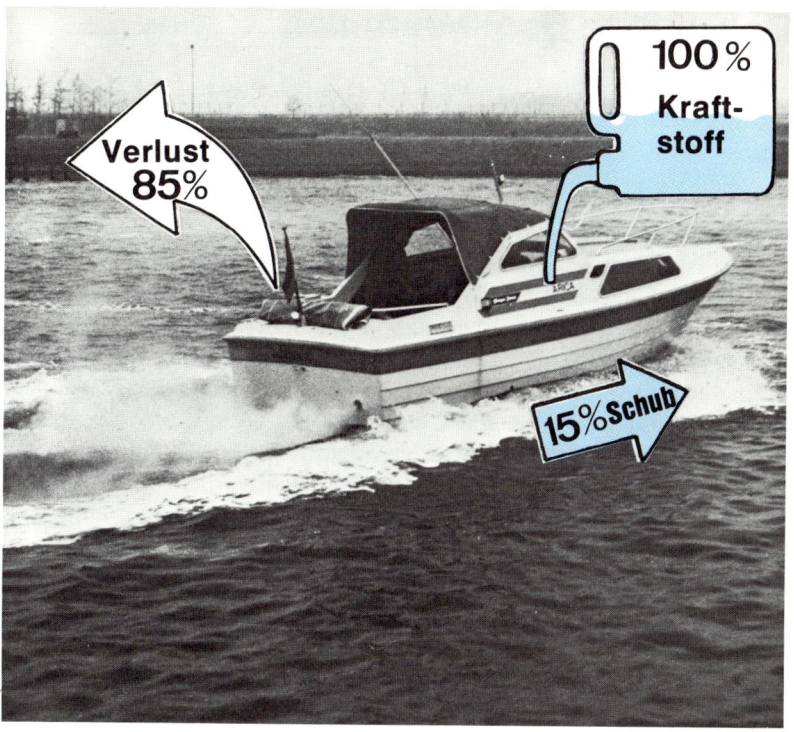

Der Gesamtwirkungsgrad einer Yacht mit Motor ist im Prinzip vom Propeller abhängig. Der Wirkungsgrad der Verbrennungsmotoren liegt bei 30 bis 40% fest. Mit dem Propeller hat man die Wahl, die allzu häufig üblichen 15% auf 25% zu verbessern. Das ist, in diesen Grenzen, eine Optimierung um mehr als 60%. Auch wenn Ihr Boot schon vorher einen besseren Wirkungsgrad hat, 10 bis 20% sind, auf den Treibstoff bezogen, Spitzentuning.

Das eigene Boot beurteilen

Man weiß natürlich, was das eigene Boot an Geschwindigkeit bringt. Die Zweifel beginnen aber bei der Frage der Wirtschaftlichkeit. Wie ist das eigene Boot einzuordnen? Wie gut ist der Rumpf, die Abstimmung Rumpf – Motor – Propeller usw. usw. Absolute Werte zur Einschätzung dieser Kriterien gibt es nicht. Boote und die Mischung der verschiedenen Komponenten wie Geschwindigkeit, Wellenverhalten und Wohnlichkeit im Zusammenhang mit der Erwartung des Besitzers sind so vielfältig, daß man sich alles in allem nur an Mittel- oder Erfahrungswerten orientieren kann. Ist das rechte Maß an Zufriedenheit nicht vorhanden, muß überprüft werden, ob die wichtigsten Punkte Anlaß zu Zweifel geben oder einfach die Neigung zu mehr Energiebewußtsein die Unruhe bringt.
Zur ersten Orientierung dienen die technischen Daten des Bootes, die, miteinander ins Verhältnis gesetzt, die Grenzen der Bootsgattung aufzeichnen.

Der nächste Schritt ist der Vergleich und das Einordnen der Meßwerte wie Geschwindigkeit bei verschiedenen Drehzahlen und der Verbrauch. Zu guter Letzt bleibt dann noch die Lokalisierung der in Meßfahrten ermittelten Mängel und die Hoffnung, sie ohne zu viel Aufwand aus der Welt schaffen zu können.
Die rechts aufgeführten Daten Ihres Bootes werden Sie brauchen, wenn Sie es mit Hilfe der folgenden Abschnitte beurteilen wollen.

Alle anderen Fahr- und Meßwerte, die zur Beurteilung erforderlich werden, müssen Sie aus Diagrammen oder in Testfahrten ermitteln. Wie man das macht, ist im einzelnen beschrieben.
Länge WL und Breite WL bedeuten gemessen in der Wasserlinie. Ver-

drängung muß fahrfertig mit Normalbesatzung, halbvollen Tanks und üblicher Beladung eingesetzt werden.
Motorleistung muß genau definiert sein.
Propeller-Drehzahl wird auf die Nenndrehzahl des Motors bezogen, also reduziert um die Getriebeuntersetzung.
Wenn Sie Schwierigkeiten haben, diese Maße und Daten zu ermitteln, schlagen Sie am besten das Stichwort im alphabetischen Register nach und lesen den dazu verfaßten Text.

Länge	m
Breite	m
Länge WL	m
Breite WL	m
Verdrängung	kg (t)
Motorleistung	kW
Nenndrehzahl	1/min
Propeller-Durchmesser	Zoll (mm)
Propeller-Steigung	Zoll (mm)
Propeller-Drehzahl	1/min
Propeller-Flächenverhältnis	%
Höchstgeschwindigkeit	kn

Leistungsgrenzen des Bootes

Der Konstrukteur legt durch die Rumpflinien die Grenzen eines Bootes fest. Sieht man im Zusammenhang mit der Wirtschaftlichkeit vom allgemeinen Fahrverhalten ab, so bleibt als relevante Größe die Geschwindigkeit. Das heißt, jeder Rumpf hat eine durch die Rumpflinien festgelegte Höchstgeschwindigkeit. Daraus resultiert die allgemein bekannte Unterteilung der Boote nach Fahrzustand in
Verdränger – Halbgleiter – Gleiter.
Innerhalb dieser drei Gattungen gilt allerdings die Grenze mit der Höchstgeschwindigkeit auch für jeden einzelnen Rumpf. So können konventionell mit Spitzgatt gezeichnete Verdränger kaum mehr als ihre Rumpfgeschwindigkeit laufen und selbst ein zehnmal stärkerer Motor würde kaum etwas daran ändern, außer daß die vom Rumpf erzeugte Welle immer höher wird, während ein gleich langer Verdränger mit Yacht-Heck und etwas flacherem Boden mit einem unwesentlich stärkeren Motor etwa 20% schneller sein kann.
Das gilt im übertragenen Sinn genauso für Halbgleiter und Gleiter. Wenn z. B. ein Gleiterrumpf für eine Höchstgeschwindigkeit von 30 kn (55 km/h) konzipiert ist, sollte er mit Motor und Propeller auf diese Höchstgeschwindigkeit abgestimmt sein. Mehr Leistung, um vielleicht schneller, oder weniger, um vielleicht wirtschaftlicher zu sein, führt zu relativ starken Verlusten. Nach oben hin zu übersteigerter Reibung, da

Die Grafik ermöglicht das Auffinden des Fahrzustandes (relative Geschwindigkeit V_R) bei gegebener Geschwindigkeit und Wasserlinien-Länge. Wenn Sie mit den Daten Ihres Bootes im Übergangsbereich von Verdränger zu Halbgleiter (strichpunktierte Linie) oder von Halbgleiter zu Gleiter (V_R 9 bis 11) liegen, sollten Sie auf alle Fälle die weiteren Werte überprüfen, die empfohlenen Testfahrten durchführen und die Tuning-Tips ausschöpfen.
Das eingezeichnete Beispiel: ein Boot mit einer Wasserlinienlänge von 6 m (ca. 7,5 m Rumpflänge) läuft ca. 4 kn (A), wenn die erzeugte Welle ungefähr die Hälfte der Wasserlinienlänge erreicht hat. Als Verdränger mit rundem Heck könnte das Boot den Punkt B nicht überschreiten (es sackt ins Wellental). Als Halbgleiter würde es (V_R 10) ca. 14 kn laufen. Gleiten (D) würde es ab ca. 17 kn (ca. 30 km/h).

LEISTUNGSGRENZEN DES BOOTES

die Rumpflinien bei zu hoher Geschwindigkeit das Boot vertrimmen, nach unten hin zu verspätetem Übergang ins Gleiten und damit zu dem Zwang, immer mit relativ viel Gas zu fahren.
Es ist allerdings nicht möglich, diese Höchstgeschwindigkeit mit einem tiefgründigen Blick auf den Rumpf genau genug einzuschätzen. Das geht nur ungefähr, indem man sich an den charakteristischen Merkmalen orientiert und diese im Zusammenhang mit der Länge, der Motorisierung, der Geschwindigkeit und den Propellermaßen sieht.

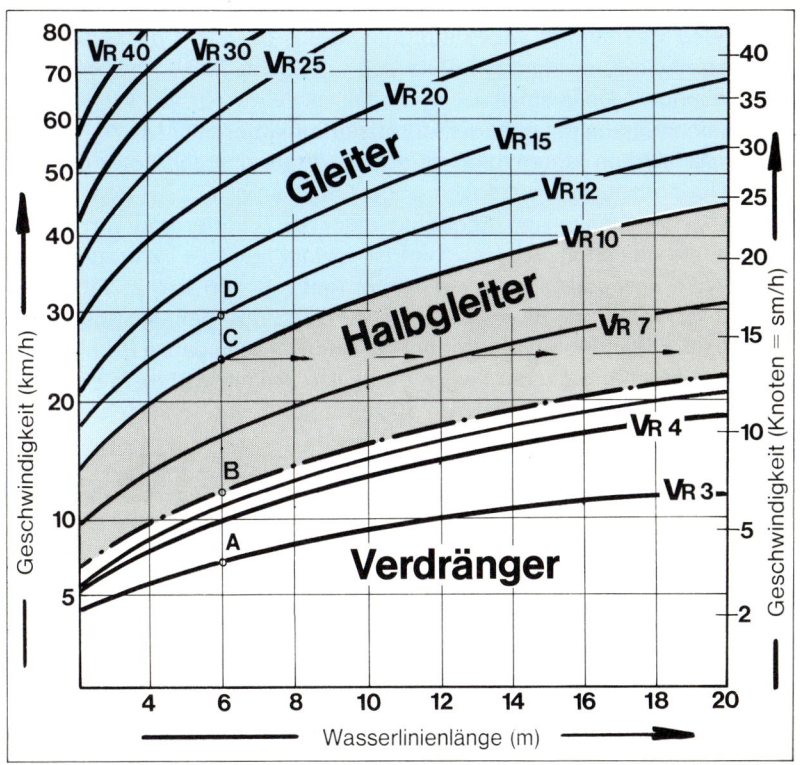

Motorisierung

Der Begriff Motorisierung ist ein spezifischer Wert. Motorisierung besagt, wieviel kW oder PS eine Tonne des Bootes antreiben. D. h. man dividiert die installierte Leistung (kW) durch die Verdrängung (t) und erhält so die Motorisierung (kW/t).
So ein Wert ist auf den ersten Blick abstrakt, genauer besehen ermöglicht er aber den Vergleich von verschiedenen (unterschiedlichen) Booten und Geschwindigkeiten in der Relation von Nennleistung und Verdrängung. Bringt man nun auch noch die relative Geschwindigkeit* ins Spiel, ist sogar eine Beurteilung der Rumpfqualität aus der Sicht der Geschwindigkeitsentwicklung möglich, ohne daß unterschiedliche Abmessungen eine besondere Rolle spielen.
Im Zusammenhang mit richtiger Motorisierung unter dem Aspekt ,,richtig und wirtschaftlich fahren" kommt es darauf an, daß der Motor und der Rumpf auf die Geschwindigkeit abgestimmt sind, die für den Rumpf optimal ist. Deshalb sind Angebote mancher Händler von vornherein Unsinn, die da lauten: ,,Dieses Boot ist sowohl ideal als Verdränger (mit z. B. 10 kW) sowie als sportlicher Gleiter (mit z. B. 150 kW) zu fahren".
Beides – sowohl Über- als auch Untermotorisierung – geht auf Kosten der Fahrqualität, Sicherheit und Wirtschaftlichkeit. Diese ganze Problematik läßt sich jedoch mit Bildern besser darstellen als mit Worten. Die Skizzen und Grafiken auf den folgenden Seiten zeigen, wie man richtige und falsche Motorisierung erkennt.

Aus dieser Grafik auf der nächsten Seite können Sie die Motorisierung für ein beliebiges Boot entnehmen. Für kleine Boote unter 300 kg finden Sie Motorisierungsangaben auf Seite 24
So kommen Sie zu dem Motorisierungswert: tragen Sie auf der Leistungsskala Ihren Motor ein und auf der Verdrängungsskala die fahrfertige Verdrängung.
Diese beiden Punkte werden mit einer Linie verbunden, die rechts die Motorisierungsskala schneidet. Im Schnittpunkt können Sie die Motorisierung Ihres Bootes ablesen.

---

*Relative Geschwindigkeit $= \dfrac{\text{Geschwindigkeit des Bootes (km/h)}}{\sqrt{\text{Wasserlinienlänge (m)}}}$

MOTORISIERUNG

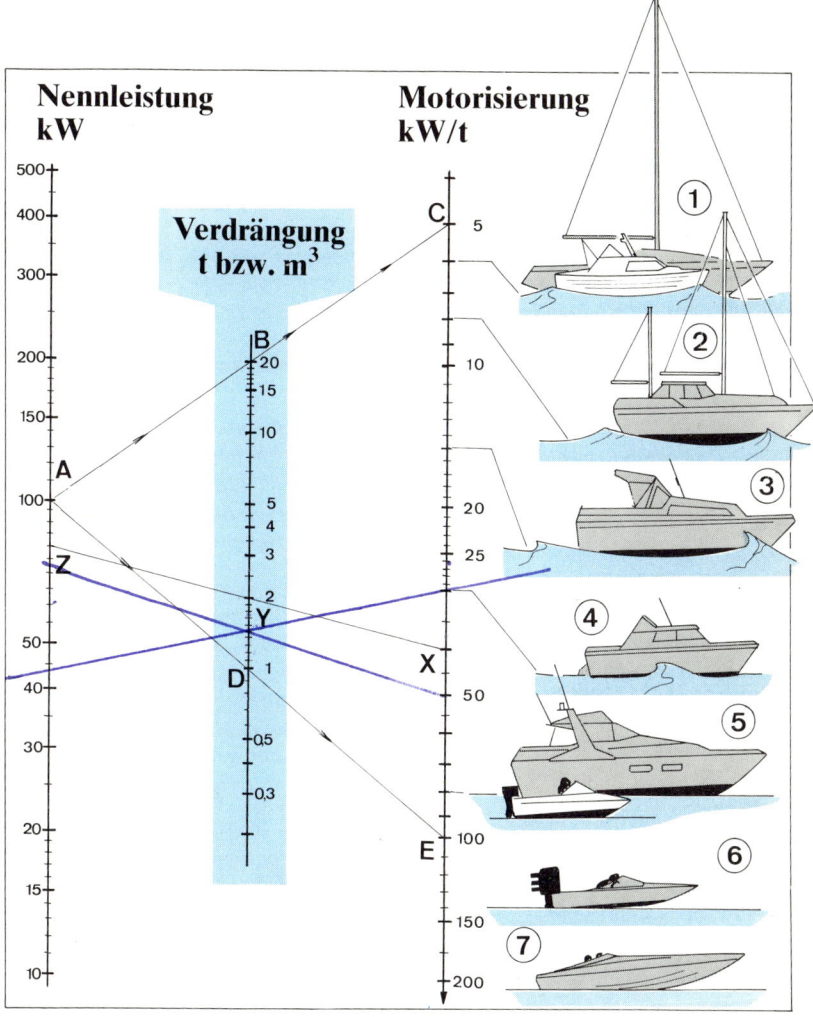

Die Daten sind auf Nennleistung nach DIN 6270 B und am Getriebeausgang gemessen bezogen. Die Verluste bis zum Propeller haben wir mit 10% festgelegt, d. h. wir gehen von einem Wirkungsgrad der Wellenanlage (auch Z- und S-Trieb) von 0,90 aus. Die angezeichneten Beispiele sind auf der nächsten Seite erläutert.

MOTORISIERUNG

In die Grafik (Seite 21) sind zwei Beispiele eingezeichnet, ein typischer Verdränger (Punkte A, B, C) und ein stark motorisierter Gleiter (Punkte A, D, E).

Rechts neben der Motorisierung finden Sie Bootstypen, die charakteristisch für den entsprechenden Motorisierungsgrad sind.

Man kann mit dieser Grafik allerdings auch umgekehrt herum arbeiten, wenn einem z. B. ein Boot mit 2 t Verdrängung vorschwebt und ein Gleiter werden soll, der nicht zu extrem motorisiert ist, dann verbindet man die gewünschte Motorisierung mit der Verdrängung und am Schnitt der Nennleistungsskala findet man den hierfür notwendigen Motor (Punkte X, Y, Z).

Noch einige Anmerkungen zu den Motorisierungsbereichen der eingezeichneten Bootstypen:

① *Typische Motorisierung für Verdränger (auch für Segelboote). Nach den Sicherheitsempfehlungen des Germanischen Lloyd ist die Mindestmotorisierung für*
Segelyachten* über 2,25 t – 2,2 kW/t,
Motorsegler 3,0 kW/t und für
Motoryachten 4,5 kW/t.

In dem Bereich bis 6 kW/t laufen Boote etwa R = 5 (bei Booten von 5 bis 9 m entspricht das in Knoten etwa der Wasserlinienlänge in m, z. B. ein 7-m-Boot hat 6 m Wasserlinienlänge und läuft ca. 6 kn).

② *Typisch für Motorsegler mit der durch den großen Kiel zusätzlich benetzten Oberfläche und mit häufig falsch verstandenem Wunsch nach ,,Kraftreserve'' (8-m-Boot ca. 7 kn).*

③ *Schnelle Verdränger (und Boote, die als solche bezeichnet werden). R = 8 sollte das Ziel dieser Rümpfe sein. Gerade in diesem Motorisierungsbereich von 8 bis 15 kW/t wird viel Humbug mit Sicherheit und Kraftreserve getrieben (8-m-Boot ca. 11 kn).*

④ *Bis 30 kW/t braucht man, um in den typischen Halbgleiterbereich (geeigneter Rumpf vorausgesetzt) zu gelangen. Dieser Bereich (R = 10 bis 12) ist sehr wirtschaftlich und küstenrevierfreundlich. 80% der Nenndrehzahl ist bei Windstärke 4 bis 5 zu halten (8-m-Boot ca. 16 kn).*

⑤ *Motorisierung bis 50 kW/t bringen Ihren Kreuzer auf einen Geschwindigkeitsgrad von ca. R = 20 (8-m-Boot etwa 50 km/h = 27 kn).*
Bei 30 bis 40 kn liegt die für Freizeitboote vernünftige obere Grenze (ca. 70 bis 80 kW/t). Das ist bei einem 8-m-Boot ca. R = 28 und entspricht 39,5 kn bzw. 73 km/h.

⑥ *Ab 80 kW/t Motorisierung ist für Rennboote. Für Freizeit und Erholung völlig unbrauchbar, nur über Weiter-*

---

* Für Segelyachten bis 2,25 t wird die Mindestleistung mit [2,20 + (2,25 − Verdr.) × 1,65 kW/t] festgelegt.

entwicklung von neuen Technologien, möglichen Rekorden oder den Nervenkitzel der Massen an Rennstrecken zu rechtfertigen.

Offshore-Rennboote bis 200 kW/t. Raketenboote, die Geschwindigkeits-Weltrekorde fahren, haben einige 1000 kW je t.

Meßwerte zur Graphik Seite 25

Höchstgeschwindigkeiten in km/h mit verschiedenen Belastungen und Leistungen

		1 Person	2 Personen	3 Personen	4 Pers. oder 2 + 1 Skiläufer
A	Kleinste Nennleistung	35	32	28[1]	22[2]
B	Empfehlenswerte Nennleistung	44	40	38	36[3]
C	Höchste Nennleistung	61[5]	55[5]	51	48[4]

Grundlage ist das oben im Diagramm eingezeichnete Boot mit einem Gewicht von 200 kg und einem 60-kg-Motor, 25 kg Treibstoff und je Person 75 kg. Die Werte mit einem Wasserskiläufer und 2 Personen im Cockpit entsprechen den Werten, die auch mit 4 Personen gefahren wurden, was gleichzeitig die Faustregel erhärtet, daß 1 Wasserskiläufer 2 Personen im Cockpit gleichzusetzen ist.

[1] Boot kommt gerade noch ins Rutschen
[2] Kein Gleiten mehr
[3] Geht gerade noch mit Wasserskiläufer (aber kein echtes sportliches Fahren möglich)
[4] Auch für sportliches Wasserskilaufen gut motorisiert
[5] Für ungeübte Fahrer nicht mehr zu empfehlen

MOTORISIERUNG

Die Grafik rechts zeigt drei Kurven. Die oberste ist die von BIA festgelegte höchste Motorisierung für Sportboote mit Außenborder. Sie erfordert bereits einen erfahrenen Steuermann.

Obwohl dieses Diagramm das Gewicht des Bootes außer acht läßt, kann man es als einen praxisnahen Anhalt sehen und die Motorisierung für den Normalgebrauch durchschnittlich gebauter Gleiter damit festlegen und überprüfen.

Das eingezeichnete Beispiel zeigt, wie man es macht: Rechnen Sie Länge × Breite (Breite am Spiegel an der Wasserlinie) aus und ziehen Sie im entsprechenden Punkt von der waagerechten Skala eine Senkrechte zu den Kurven des Diagramms. Vom Schnittpunkt mit der gewählten Motorisierung (Höchstleistung, empfehlenswerte Leistung, kleinste Leistung) gehen Sie auf der Waagerechten nach links und erhalten so die Leistung in PS, nach rechts haben Sie die Leistung in kW.

Das eingezeichnete Beispiel bezieht sich auf ein Boot mit L = 4,30 m, Büa = 1,80 m. Das Boot hat eine Spiegelbreite in der Wasserlinie von B = 1,49 m. Das Produkt L × B = 6,4. Das Boot müßte, um mäßig besetzt ins Gleiten zu kommen, 10 kW haben (A), für normalen Sportbetrieb mit 18 kW motorisiert sein (B), und die höchstzulässige Leistung (C) wäre mit 37 kW anzusetzen.
Wir haben dieses Boot getestet. Die gemessenen Werte finden Sie in der Tabelle Seite 23. Es gehört zu acht Booten, die wahllos aus KLASINGS BOOTSMARKT gegriffen wurden, und ist das einzige, für das die von der Werft angegebene höchste Motorisierung mit dem Diagramm übereinstimmt. Alle anderen Boote (siehe schwarze Punkte) liegen, wenn man sie mit den von der Werft angegebenen Höchstmotorisierungen bestücken würde, etwa 30% über der höchstzulässigen Leistung (nach BIA). Demnach sind sie sehr stark übermotorisiert, und schon die im Diagramm angegebene Höchstleistung erfordert einen erfahrenen Steuermann.

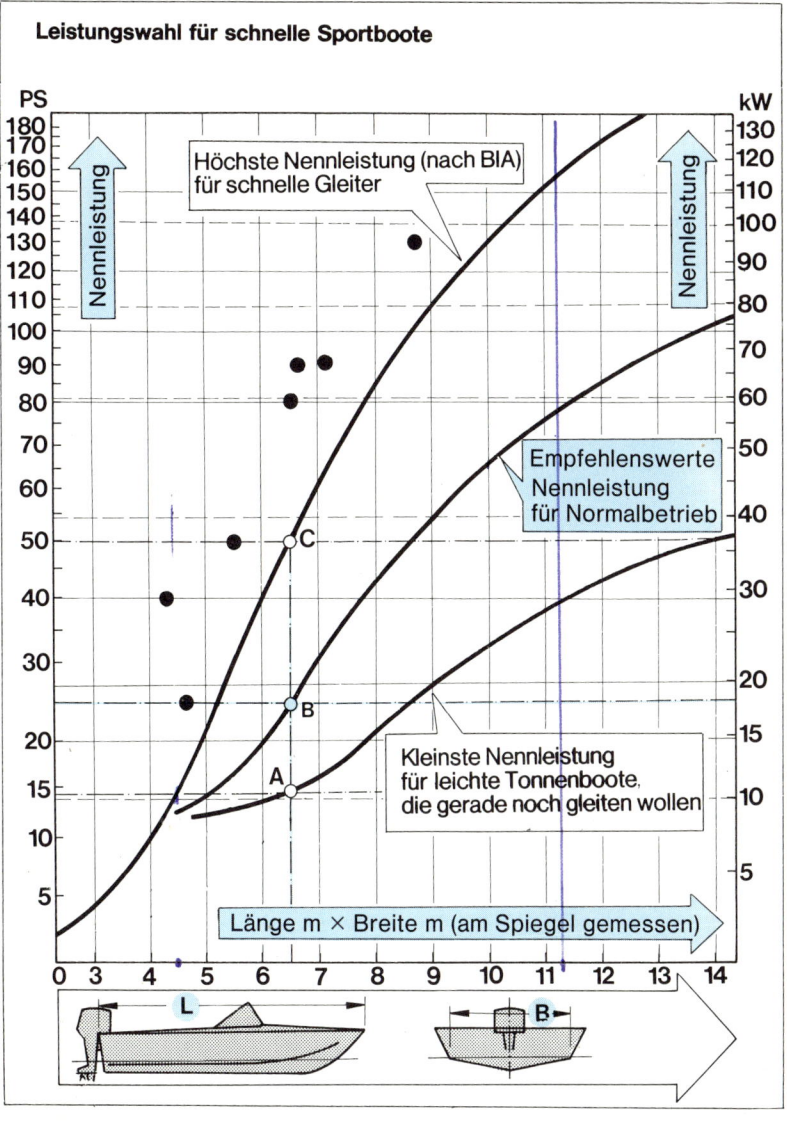

MOTORISIERUNG/LEISTUNGSGEWICHT

Daumenpeilung für den Propeller-Wirkungsgrad von Tourengleitern über die Werte Geschwindigkeit und Motorisierung bzw. Leistungsgewicht.

Die Grafik bietet die Möglichkeit, ein weiteres Indiz zu sammeln, ob Sie mit Ihrem Boot unverändert weiterfahren können oder ob Sie tiefer in die Materie einsteigen sollten. Wenn Sie die Länge und Breite in der Wasserlinie (LWL + BWL) auf der horizontalen Skala als Summe auftragen und senkrecht bis zu Ihrer Höchstgeschwindigkeit gehen, können Sie rechts querab die Motorisierung ablesen. Ist Ihr Motorisierungswert kleiner bis gleich mit der inneren Skala, ist Ihr Propellerwirkungsgrad ziemlich in Ordnung, und Sie werden die Wirtschaftlichkeit Ihres Bootes nur in engen Grenzen verbessern können. Liegt der Motorisierungswert mehr in Richtung Außenskala, dann haben Sie einen schlechten Wirkungsgrad und sollten sich sehr intensiv mit dem Rest dieses Buches beschäftigen.

Die Daten der Grafik sind auf Nennleistung bezogen (Getriebeausgang), Ansaugluft bei gutem Lüftungsquerschnitt 30° C, einem Wellenlager und Stopfbuchse. Und je nachdem, wo Sie mit Ihrem Wert landen, ist der Propeller-Wirkungsgrad etwa 0,65 oder 0,5.

Hier ist schon ein Punkt erreicht, wo man überprüfen sollte, ob vielleicht die Ansaugluft 40° C oder mehr erreicht, so daß die gegenüber der Nennleistung tatsächlich vorhandene Motorleistung 10 oder sogar 15% niedriger liegt oder, wenn die Welle mehrere Lager hat, zu wenig beim Propeller ankommt (ca. 5 bis 10% bei 2 Lagern).

Ein weiterer Kraft-Fesser sind Rümpfe mit tiefem V-Boden, auch hier muß man mit 10% weniger Leistung in die Rechnung gehen.

Diese Grafik können Sie natürlich auch umgekehrt herum benutzen, wenn Sie ein Boot beurteilen wollen, dessen Geschwindigkeit Ihnen nicht vorliegt. Dann gehen Sie mit den Maßen in die horizontale Skala und mit der bekannten Motorisierung in die senkrechte, am Schnittpunkt liegt dann die wahrscheinlich erreichbare Geschwindigkeit, d. h. sofern der Propeller-Wirkungsgrad in der entsprechenden Größenordnung liegt.

MOTORISIERUNG/LEISTUNGSGEWICHT

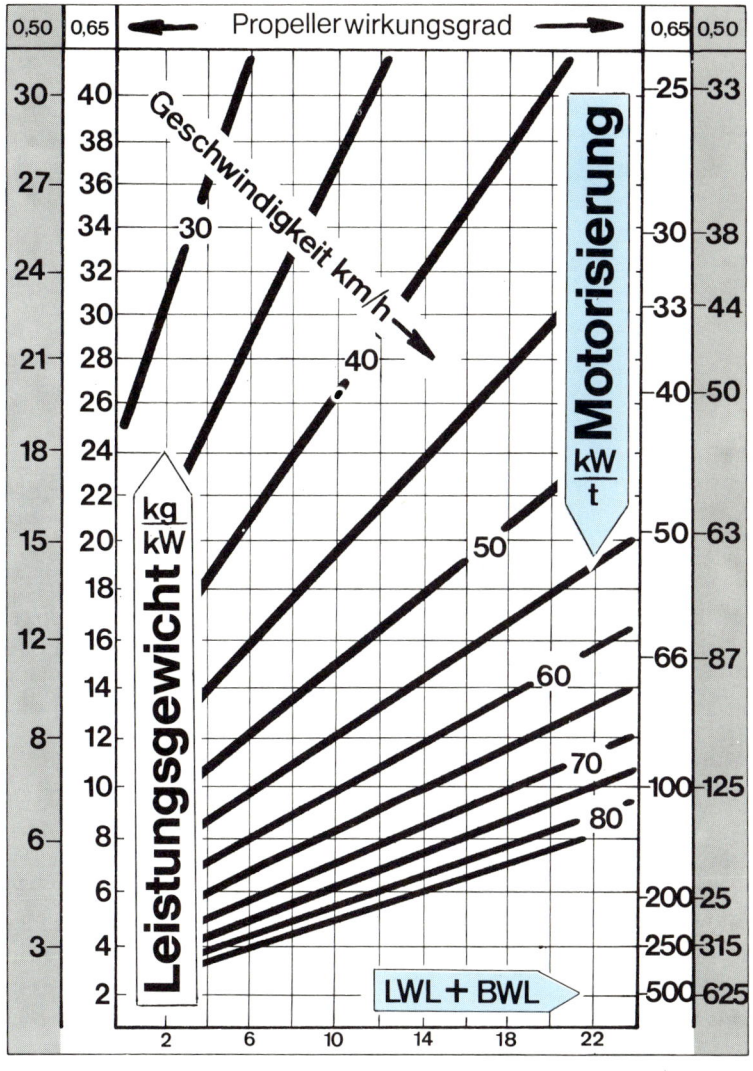

Der richtige Propeller für Ihr Boot

Die Theorie liefert zwar viele greifbare Größen für die Propeller-Wahl, doch vieles ist für die Praxis zu abstrakt und deshalb schlecht verwertbar. Jeder namhafte Motorenhersteller hat lange und ausführliche Listen für die Wahl des richtigen Propellers. Die sind m. E. aber bei vielen Firmen zu oberflächlich, erfassen zu wenige Daten des Bootes und, was wohl häufig der Fall ist, sie werden weder vom Käufer noch vom Händler ausreichend beachtet. Das Vorführboot hat den Propeller X, fährt befriedigend, und da sieht dann keiner einen ausreichenden Grund, einem Käufer den Propeller auf die u. U. ganz anderen Einsatzbedingungen abzustimmen. Ich möchte hier auch gar nicht auf viel Theorie eingehen, die wird von einer Reihe von Grafiken abgefangen und so dem Praktiker ohne viel Rechnerei zugänglich gemacht. Worauf es schließlich ankommt, ist, daß die Pumpe unter dem Boot möglichst viel Schub liefert, und zwar ohne daß man wissen muß, wie der Wirbelzopf am Ende des Propellerflügels wirklich aussieht. Das Prinzipielle ist ja auch bekannt:

- **Schweres, langsames Boot** – Propeller-Durchmesser größer als Steigung, Drehzahl möglichst neidrig (große Getriebeuntersetzung).

- **Leichtes, schnelles Boot** – Propeller-Steigung größer als Durchmesser, kleine Untersetzung bis 1:1, über 70 km/h sogar nach oben übersetzt.

Das ist eine alte Weisheit, die allerdings bei Außenbordern und Z-Antrieben nur in Grenzen anwendbar ist, da der größte Propeller-Durchmesser festliegt und im allgemeinen für jeden Motor 3 bis 10 Propeller zur Wahl stehen. Der Normalfall ist aber: man bekommt den Standard-Propeller*, und hat man ihn erst, wird man ihn nicht mehr so ohne weiteres los. Meines Erachtens müßte jeder bessere Händler, wenn er schon nicht eindeutige Meßergebnisse von Motoren auf bekannten Serienbooten hat (kaum jemand), Testpropeller verleihen (z. B. für DM 50 je Wochenende, die bei Neukauf eines Propellers gutgeschrieben werden). Zwar muß man

PROPELLERWAHL

zur Ehrenrettung der Soliden dieser Branche sagen, daß man mit den Props aus der Hersteller-Empfehlung, die den Propeller-Listen beiliegen, meist ganz gut beraten ist, die Probefahrt aber zeigt, daß man eben sehr häufig mit einem Propeller neben dieser Empfehlung besser (sparsamer) fahren würde. Ganz abgesehen davon, kommt der Normalverbraucher immer erst dann an diese Empfehlungen, wenn er bereits einen Motor mit Standardpropeller oder mit dem Propeller hat, den ihm der Händler einfach verpaßt.

Im Motoren-Prospekt oder in der Betriebsanleitung steht über Propeller-Wahl und wirtschaftliches Fahren so gut wie nichts. Bleibt als wichtigstes Kriterium wieder die Probefahrt, und zwar mit der Belastung, die später realistisch ist. Auf der nächsten Seite finden Sie Werte aus einer Meßreihe, die die grundlegenden Probleme aufzeigen. Sie zu lesen und zu durchdenken ist zwar mühsam, wirkt sich jedoch positiv auf den Verbrauch aus. Daran schließen einige Seiten an, die die wichtigsten Propeller-Daten definieren und in Form von Grafiken auch dem Laien zugänglich machen. Wichtig ist natürlich, daß man neben diesen Daten immer wieder die Praxis im Auge behält und sie mit den gesamten Erfahrungen sowie den Abschnitten des Kapitels „Richtig fahren" in Einklang bringt.

Auf Seite . . . ist der Weg beschrieben, wie Sie Ihren Propeller-Wirkungsgrad und auf Seite . . . wie Sie Ihren optimalen Propeller finden können.

Der optimale Propeller ist nur mit Fahrversuchen zu ermitteln, mit Blick auf weniger Verbrauch nur mit gleichzeitiger Messung des Verbrauchs mit einem sehr genauen (sehr teuren) Meßgerät möglich, oder man macht sich die Mühe und versucht, mit Hilfe der Grafiken auf den folgenden Seiten parallel zu Fahrversuchen den Propeller-Wirkungsgrad zu ermitteln.

Die derzeitigen Hersteller-Empfehlungen für die Propeller-Wahl stimmen nur größenordnungsmäßig, da sie die Eigenheiten des einzelnen Rumpfes nicht berücksichtigen können.

---

* Es gibt einige Hersteller, die vom Standardpropeller allerdings abgehen.

Propeller-Beispiele

Auf den folgenden Seiten finden Sie zuerst sechs recht aufschlußreiche Propeller-Beispiele, die aus Meßdaten des bereits erwähnten BOOTE-Spartests stammen und die Aufgabe haben, Ihnen zu zeigen, wie sich verschiedene Propeller in der Praxis auf Verbrauch, Geschwindigkeit, Motorleistung und Schaftneigung auswirken.
Die einzelnen Beispiele kann man nicht zueinander in Relation setzen, da Motoren unterschiedlicher Leistung montiert waren.
Daran schließen auf Seite 34 und 35 zwei Beispiele an, die Ihnen den Weg durch die Diagramme der weiteren Seiten weisen sollen auf der Suche nach dem optimalen Propeller oder einer Wirkungsgrad-Kontrolle.

Daten des Testbootes, das als Grundlage der folgenden Beispiele dient:

Länge	= 5,70 m
Breite	= 2,15 m
LWL	= 5,20 m
BWL	= 1,90 m
Verdrängung	ca. 1 t
Nennleistung	55 kW
(am Propeller)	
Propeller $13^{1}/_{2} \times 17$ (Zoll)	
Flächenverhältnis	50%
Prop.-Durchmesser (max.)	14"
Vollgas-Drehzahl	4700 1/min
Getriebeuntersetzung	2
Prop.-Drehzahl	
4700 : 2 = 2350 1/min	
Geschwindigkeit	29 kn

PROPELLER-BEISPIELE

Beispiel A
(optimale Propeller-Maße)

- Zeile 1: Vom Hersteller nach Propeller-Liste empfohlener Prop 14 x 15. Die Drehzahl bei Vollgas ist 5300. Man sollte meinen, das sei o. k.
- Zeile 2: Wir haben dann mit der gleichen Belastung noch zwei Propeller gefahren. Der 13,5 x 17 brachte an der unteren Grenze des Vollgas-Bereichs bessere Ergebnisse. Der Verbrauch fiel bei gleicher Geschwindigkeit um 3 l/h.
- Zeile 3: Den Propeller mit 13 Zoll Steigung zeige ich nur zur Information, obwohl man ihn nach dem Ergebnis mit dem 14 x 15 schon nicht mehr montiert hätte. Bei Entlastung des Bootes um zwei Mann (150 kg) blieb die Drehzahl gleich, die Geschwindigkeit stieg um 1 kn, der Verbrauch sank um weitere 2,5 l/h.

Beispiel B
(richtige Propeller-Art)

- Zeile 4: Mit einem normalen Dreiflügler fuhr das Boot 23,5 kn und verbrauchte 28 l/h.
- Zeile 5: Ein Edelstahl-Propeller mit gleichen Abmessungen brachte 1,5 kn mehr und 1 l weniger Verbrauch. Für Leute, die viel fahren, ist dies trotz des doppelt so hohen Propeller-Preises zu empfehlen. Ich bin der Meinung, daß sich noch 1 Zoll mehr Steigung positiv ausgewirkt hätte, leider stand zur Zeit des Tests kein solcher Propeller zur Verfügung.
- Zeile 6: Ein kleinerer Propeller zeigte Werte analog Beispiel A (Verbrauch steigt, Geschwindigkeit sinkt).

Bei-spiel	Zeile Nr.	Propeller (Zoll) D x H	Vollgasbereich 1/min	Drehzahl 1/min	Geschw. kn (sm/h)	Verbr. l/h	Anmerkung
A	1	14 × 15	4500–5500	5300	29	37	zu klein
	2	13½ × 17	4500–5500	4700	29	34	optimal
	3	14 × 13	4500–5500	5600	28	39	viel zu klein
B	4	11¾ × 17	5000–6000	5650	23,5	28	klein
	5	11¾ × 17 SST	5000–6000	5900	25	27	Edelstahl
	6	12¼ × 15	5000–6000	6200	25	30	viel zu klein

Beispiel C
(zu schwacher Motor)

Hier sehen Sie den Grenzfall des stark untermotorisierten Gleiters.
- Zeile 7: Das Boot ist mit einem Mann besetzt, es kommt einwandfrei (aber sehr spät bei 4600 Umdrehungen) ins Gleiten. Ein zweiter Mann senkt die Geschwindigkeit um 1 kn, der Gleitbeginn wandert weiter nach oben (4900 Umdrehungen), und der Verbrauch steigt.
- Zeile 8: Nimmt man eine weitere Person an Bord, guckt das Boot bereits nicht mehr aus dem Wasser. Die Drehzahl bleibt unter dem Vollgas-Bereich, der Treibstoff-Verbrauch geht nicht zurück.
- Zeile 9: Kommt eine vierte Person dazu, erreicht das Boot nur noch 10 kn und hat einen Verbrauch, der nur 2 l unter dem Vollgas-Verbrauch der Gleitfahrt mit mehr als doppelter Geschwindigkeit liegt.

Beispiel D
(zu schwacher Motor)

Dieser Motor hat noch etwas weniger Leistung (ca. 15%) als in Beispiel C.
- Zeile 10: Sie sehen, die Endgeschwindigkeit liegt mit gleicher Last (wie Zeile 7) um 1 kn niedriger.
- Zeile 11: Kommt ein zweiter Mann an Bord, fällt die Geschwindigkeit und der Verbrauch steigt. Das Boot kommt erst bei 4900 Umdrehungen aus dem Wasser, was viel zu spät ist.
- Zeile 12: Mit drei Mann ist die Geschwindigkeit ebenfalls niedriger wie in Beispiel C, obwohl der Verbrauch gleichbleibt. Sie sehen, wie immens wichtig neben dem richtigen Propeller auch die richtige Motorleistung ist, und zwar nicht nur auf die Endgeschwindigkeit bezogen.

Beispiel	Zeile Nr.	Propeller (Zoll) $D \times H$	Vollgasbereich 1/min	Drehzahl 1/min	Geschw. kn (sm/h)	Verbr. l/h	Anmerkung
C	7	$11^{3}/_{4} \times 17$	5000–6000	5500	22	25	1 Mann
	8	$11^{3}/_{4} \times 17$	5000–6000	4700	15	24	3 Mann
	9	$11^{3}/_{4} \times 17$	5000–6000	4200	10	23	4 Mann
D	10	$10^{5}/_{8} \times 12$	5000–5500	5200	21	23	1 Mann
	11	$10^{5}/_{8} \times 12$	5000–5500	5200	20	24	2 Mann
	12	$10^{5}/_{8} \times 12$	5000–5500	4300	12	24	3 Mann

PROPELLER-BEISPIELE

**Beispiel E
(richtige Schaftneigung)**

Wenn man versucht, den richtigen Propeller zu finden, spielt natürlich auch die Einstellung des Motorschaftes an der Lochplatte (Schaftneigung) eine wesentliche Rolle. Normalstellung des Schaftes: 2. oder 3. Loch.

• Zeile 13: Der Motor ist im dritten Loch. Man könnte meinen, dies sei in Ordnung. Erst die Messung des Verbrauchs zeigt, daß das Boot nicht wirtschaftlich fährt. Wir wußten eigentlich auch nicht so recht, woran es lag, bis wir die verschiedenen Schaftstellungen durchprobiert hatten und zu dem Schluß kamen, daß der Bootsboden eine derartige Vertrimmung notwendig machte.

• Zeile 14: Mit dem fünften Loch (Sonderfall) erzielten wir 1,5 kn mehr Geschwindigkeit. Gleichzeitig fiel der Verbrauch um 3 l/h.

**Beispiel F
(besser ein großer Propeller)**

Zum Schluß noch der Vergleich des zu großen und zu kleinen Propellers (bei optimaler Schaftstellung) in Relation zum richtigen Propeller (wie Zeile 14).

• Zeile 15: Der Propeller ist bei 2 Zoll größerer Steigung zu groß, da er den Motor auf 5000 Umdrehungen (das ist unter Vollgas-Bereich) bremst. Das bestätigt die Hypothese (gegenüber Zeile 13), daß man den Propeller lieber zu groß als zu klein wählen sollte. Die Werte sind aber durch unterschiedliche Schaftstellungen quantitativ nicht im richtigen Verhältnis.

• Zeile 16: Diese Einschränkung gilt auch für den zu kleinen Propeller. Der Motor überdreht, das Boot fährt langsamer und der Verbrauch steigt.

Bei-spiel	Zeile Nr.	Propeller (Zoll) D × H	Vollgasbereich 1/min	Drehzahl 1/min	Geschw. kn (sm/h)	Verbr. l/h	Anmerkung
E	13	13³/₄ × 15	5400–5800	5350	26,5	33	3. Loch
	14	13³/₄ × 15	5400–5800	5400	28	30	5. Loch
F	15	13³/₄ × 17	5400–5800	5000	26,5	25	5. Loch
	16	14 × 13	5400–5800	6200	25,5	28	5. Loch

So finden Sie den Wirkungsgrad Ihres Propellers

① Mit der Bootsgeschwindigkeit und dem Rumpftyp Ihres Bootes entnehmen Sie der Grafik auf Seite 43 die Propeller-Anströmgeschwindigkeit.

② Aus dem Diagramm auf Seite 45 holen Sie sich mit der Motorleistung und der Propeller-Drehzahl den Leistungskoeffizienten.

③ Mit diesen beiden Werten (V_A und Pn) gehen Sie in die Grafik Bp1 (Seite 47) und entnehmen dort den Propeller-Belastungsgrad ... → ⑤

④ Das Steigungsverhältnis Ihres Propellers ermitteln Sie auf Seite 49. Damit gehen Sie in das Wirkungsgrad-Diagramm auf Seite 53, ziehen eine senkrechte Linie,

⑤ ... mit dem Belastungsgrad ③ gehen Sie ebenfalls in das Wirkungsgrad-Diagramm auf Seite 53, ziehen eine horizontale Linie und ...

⑥ ... erhalten dort im Schnittpunkt der beiden Werte den Propeller-Wirkungsgrad.

Beispiel:

Die Ziffern laufen analog zu dem links beschriebenen Weg und sind in die Graphiken und Diagramme der folgenden Seiten eingetragen.

① *Die Propeller-Anströmgeschwindigkeit ist 27,5 kn*

② *Der Leistungskoeffizient ist 2,1*

③ *Der Belastungsgrad ist 6,1*

④ *Das Steigungsverhältnis ist 1,26*

⑤ *+ ⑥ Der Propellerwirkungsgrad liegt bei 0,72*

Der Wert von 0,75 ist sehr gut, obwohl er nicht direkt auf der Kurve des optimalen Steigungsverhältnisses liegt (ein größerer Durchmesser könnte sich positiv auswirken).

Wenn Sie mit Ihrem Boot solche Werte erreichen, dann können Sie sehr zufrieden sein, eine weitere Verbesserung ist sehr schwierig. Ganz sicher lohnt es sich nicht, den Propeller zu erneuern.

Trimmversuche mit verändertem Gewichtstrimm oder eine Optimierung der Trimmklappen-Stellung könnte u. U. noch Treibstoff-Einsparung bringen.

Sie sollten aber auf keinen Fall versäumen, das Beispiel auf der nächsten Seite ebenfalls zu durchdenken, das auf der Grundlage dieser Zahlen aufgebaut ist.

So finden Sie Ihren optimalen Propeller

Wir bleiben der Einfachheit halber bei den Werten des Testbootes (s. Seite 30).
Wunschgeschwindigkeit = 30 kn.

① Sie gehen mit der Propeller-Leistung und der Propeller-Drehzahl in die Grafik Seite 45, ermitteln den Leistungskoeffizienten und zeichnen ihn in Diagramm Seite 47 ein.

② Um den Belastungsgrad zu bekommen muß die Propeller-Anströmgeschwindigkeit auf Seite 43 ermittelt und in Seite 47 senkrecht eingetragen werden.

③ Vom Schnittpunkt aus horizontal nach links können Sie den Belastungsgrad ablesen.

④ Zieht man mit dem Belastungsgrad eine horizontale Linie im Wirkungsgrad-Diagramm Seite 53 bis in die Kurve des optimalen Steigungsverhältnisses und geht senkrecht nach unten, bekommt man das Steigungsverhältnis.

⑤ Jetzt gilt es, die Propeller-Maße zu finden. Da gibt es zwei Wege: Entweder man nimmt den größtmöglichen Propeller-Durchmesser (was zu empfehlen ist) und ermittelt mit Hilfe des Steigungsverhältnisses . . .

⑥ . . . auf Seite 49 die Steigung.

⑦ . . . oder man ermittelt mit einem angenommenen Slip in Diagramm Seite 41 die Propeller-Geschwindigkeit, mit der Sie . . .

⑧ . . . auf Seite 39 mit Hilfe der Propeller-Drehzahl die Steigung finden.

Beispiel:

① *Der Leistungskoeffizient ist 2,1*
② *Die Anströmgeschwindigkeit des Propellers ist bei einem Nachstromwert von 0,94 ca. 28 kn*
③ *Der Belastungsgrad ist ca. 5*
④ *Das optimale Steigungsverhältnis ist 1,26*
⑤ *Der größtmögliche Propeller-Durchmesser ist 14 Zoll (nach Hersteller-Angaben)*
⑥ *Die Steigung ergibt 17,5 Zoll*
⑦ *Bei 10% Slip ist die theoretische Propeller-Geschwindigkeit 33,5 Nkn*
⑧ *Die Steigung ergibt ebenfalls 17,5 Zoll*

Es wäre natürlich logisch gewesen, während des Tests diesen Propeller durchzumessen. Leider stand uns ein Propeller mit diesen Maßen nicht zur Verfügung.
Wenn der auf diesem Weg ermittelte Propeller nicht die gewünschten Resultate bringt, muß man davon ausgehen, daß irgendeine der eingesetzten Größen falsch bewertet oder geschätzt wurde. Man braucht sich in diesem Zusammenhang nur die Meßwerte im Beispiel B auf Seite 31 anzusehen.
Die am wahrscheinlichsten falsch einzuschätzende Größe kann die Propeller-Leistung und das Flächenverhältnis sein.
Das Flächenverhältnis muß man sich vom Propeller-Händler bestätigen lassen.
Die notwendige Propeller-Leistung läßt sich mit vorhandenen Propeller-Maßen kontrollieren, indem man mit dem Belastungsgrad aus dem Wirkungsgrad-Diagramm (Seite 53–55) den Leistungskoeffizienten auf Seite 47 ermittelt und damit auf Seite 45 die für den Propeller bei entsprechender Drehzahl notwendige Leistung abliest.

Propeller-Maße und -Geschwindigkeit

Der Propeller hat im normalen praktischen Gebrauch, neben der Flügelzahl, zwei Maße, die ihn beschreiben. Das sind Durchmesser und Steigung. Sie werden überwiegend in Zoll angegeben, deshalb wird auch in diesem Buch damit gearbeitet. Die Skalen der Diagramme haben allerdings weitgehend auch Millimeter-Teilungen, im Zweifelsfall finden Sie im Anhang eine Tabelle, aus der man Zoll in Millimeter und umgekehrt rechnen kann.

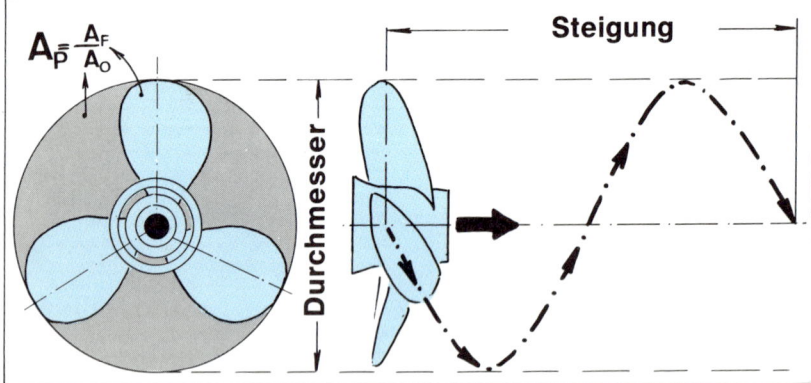

Durchmesser (D) und Steigung (H) sowie die Flügelzahl beschreiben den Propeller. Der Durchmesser ist der Außendurchmesser des Propellers. Die Steigung ist die theoretische Strecke, die der Propeller aufgrund seiner „Flügelneigung" bei 1 Umdrehung als Schraube in festem Material zurücklegen würde.

Neben diesen Daten ist auch das sogenannte Flächenverhältnis von Bedeutung, das leider viel zu selten von den Herstellern angegeben wird.

Das Flächenverhältnis ist Flügelfläche (AF) zu Durchmesserfläche (AO).

PROPELLER-MASSE

- Der Propeller-Durchmesser ergibt sich für den Bootskäufer und Bootsbesitzer aus der Rumpfform und Wellenanordnung am Bootsboden oder dem Platz am Unterwasserteil des Z-Triebes oder Außenborders. Prinzipiell gilt folgender Grundsatz:
Durchmesser* des Propellers möglichst groß wählen.
Der maximale Durchmesser ist bei fertigen Unterwasserteilen wie Z- und S-Trieben sowie Außenbordern vom Hersteller festgelegt. Dieses Maß zu überschreiten wäre unvernünftig, da es zu vielerlei Schwierigkeiten wie Kavitation und verstärkter Schwingung sowie Geräuschbildung führt.
Bei konventionell durchgeführten Wellen über Stevenrohr hält man sich entweder an die von der Werft genannten Maße oder berücksichtigt die Skizze unten.

- Als Flächenverhältnis bezeichnet man das Verhältnis von Flügelfläche zu Durchmesserfläche des Propellers. Leider hat diese Zahl in der Praxis noch nicht ihre wirkliche Bedeutung als Maßstab für die Einschätzung des Kavitationsbeginns erlangt.

Im folgenden wird häufig im Zusammenhang mit der Steigung des Propellers von dem gewindeartigen Hineinschrauben ins Wasser die Rede sein. Das ist nur modellhaft zu verstehen, in Wirklichkeit arbeiten unsere Propeller viel eher wie Pumpen und nicht wie „Schrauben". Nach der heute gültigen Propellertheorie saugt der Propeller das Wasser vorne an, schnürt den Strahl ein, als würde er durch eine Düse fließen, und beschleunigt das Wasser nach hinten. Dadurch wird bei gutem Wirkungsgrad, d.h. bei optimal abgestimmtem Propeller der starke Vortrieb erreicht.

---

* Ein größerer Propeller-Durchmesser senkt das Steigungsverhältnis, was bei gleichbleibendem Belastungsgrad fast immer zu einem besseren Wirkungsgrad führt. Auch das läßt sich mit Hilfe der Wirkungsgrad-Diagramme auf S. 53–55 überprüfen.

DER RICHTIGE PROPELLER FÜR IHR BOOT

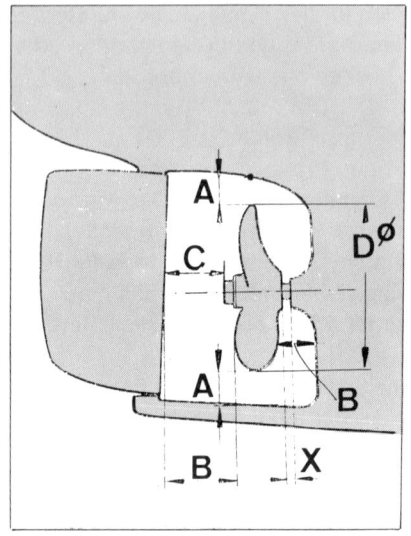

Der größte Propeller-Durchmesser ergibt sich aus der Konstruktion des Wellendurchtritts. Die Skizze zeigt einen Verdränger mit klassischer Ruder- und Propeller-Anordnung. Die Verhältnisse gelten aber in übertragenem Sinn auch für Gleiter. Das wichtigste Maß ist der Propeller-Abstand zum Rumpf (A). Er sollte mindestens 50 mm oder 10% des Propeller-Durchmessers betragen. Unterschreitet man dieses Maß, entstehen meist Schwingungen und extreme Geräuschbelästigungen. Das Maß (B) sollte 30% des Propeller-Durchmessers betragen. Das Maß (C) etwa 20 mm mehr als die Propellernabe n-Länge. Der Grund ist hier nicht im Strömungstechnischen zu suchen, sondern erfordert keinen Ruderausbau bei Propellerwechsel. Das Maß (X) wählt man im allgemeinen auf etwa 10 mm.

Aufgrund der Steigung und Drehzahl des Propellers im Sinne der „Gewinde- oder Schrauben-Theorie" erreicht der Propeller eine bestimmte Geschwindigkeit, die man als theoretische Propeller-Geschwindigkeit (V_P) bezeichnet.

Die Werte für Ihren Propeller können Sie in der Grafik finden, indem Sie mit der Propeller-Drehzahl (Achtung – nicht Motor-Drehzahl) von der senkrechten Skala nach rechts gehen und mit der Propeller-Steigung von der horizontalen Skala eine lotrechte Linie ziehen, bis sich die beiden schneiden.

Beispiel: Ein Propeller mit 17 Zoll Steigung und einer Propeller-Drehzahl von 1900 Umdrehungen pro Minute erreicht eine theoretische Geschwindigkeit von ca. 27 kn.

Dieser Wert hat nur theoretische Bedeutung und dient als Ausgangspunkt zur Berechnung des Slips und Einschätzung der tatsächlichen Propeller-Anströmgeschwindigkeit (V_A).

Prop-Drehzahl $^1/_{min.}$

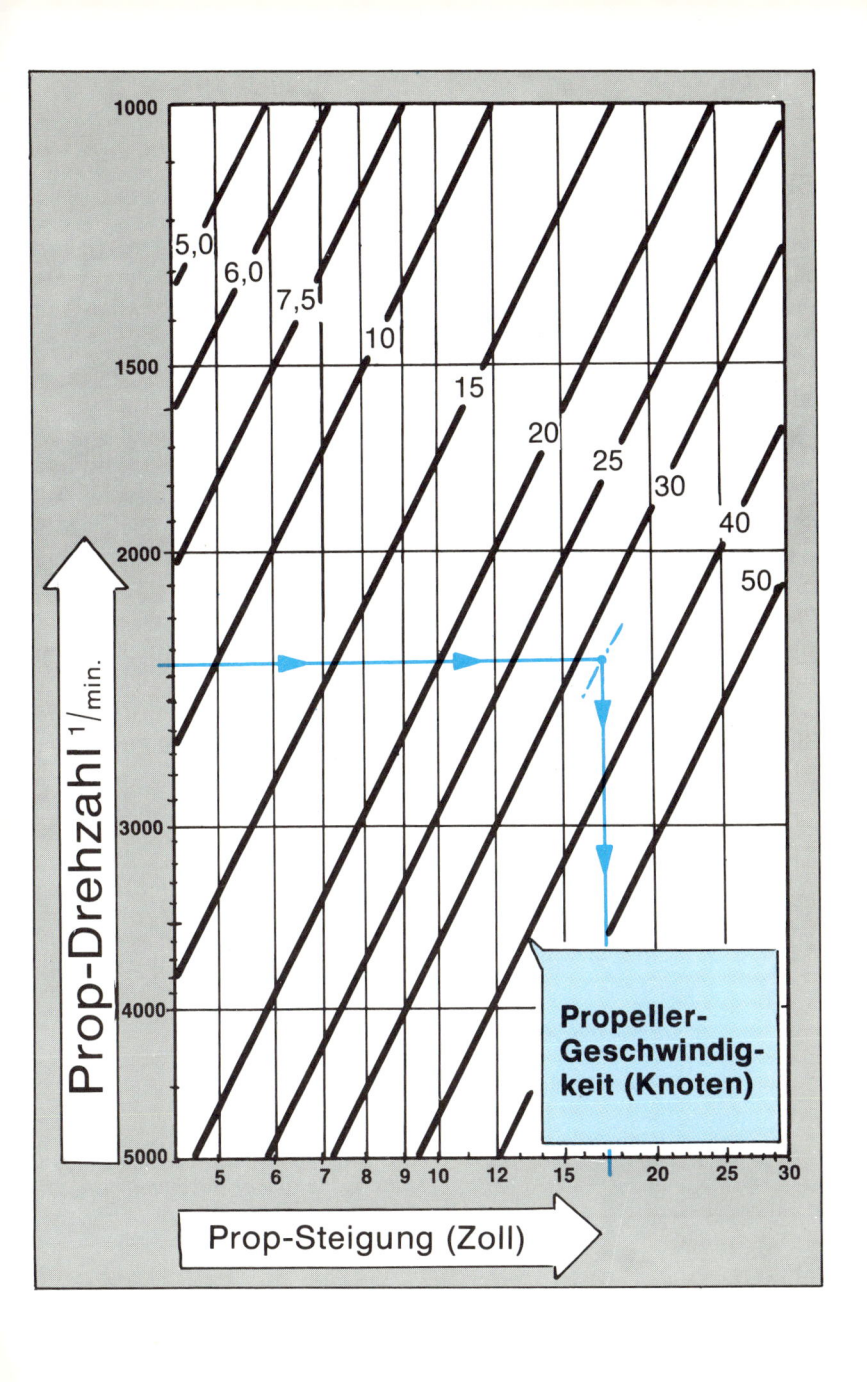

Prop-Steigung (Zoll)

Propeller-Geschwindigkeit (Knoten)

Slip des Propellers

Als Slip bezeichnet man das „Durchrutschen" des Propellers im Wasser. In Prozent gerechnet drückt der Slip (auch Schlupf) die Differenz der theoretischen Propellergeschwindigkeit (Vp) zur Bootsgeschwindigkeit (Vs) aus.
Der Slip macht scheinbar klar, was man an Verlusten einfährt. Leider ist das ein Trugschluß!
Der Slip ist kein direkter Maßstab für die Qualität der Abstimmung Boot-Motor-Propeller. Eine der Ursachen für diesen scheinbaren Widerspruch sind die Strömungsverhältnisse vor dem Propeller und die Tatsache, daß das Flügelprofil keinen Schub leisten kann, wenn der Slip gleich Null wäre. Dennoch sollten Sie den Slip Ihres Propellers überprüfen oder ihn zur Einschätzung der neuen Propeller-Maße verwenden.
Die Grafik rechts gibt Ihnen die Möglichkeit, aus den beiden Geschwindigkeiten den Slip in % abzulesen. Die theoretische Geschwindigkeit (Vp) zu Ihrem Propeller finden Sie auf Seite 39.
Der Slip von Gleitern liegt zwischen 10 bis 20%, bei leichten Gleitern in Richtung 10%. Je schwerer das Boot wird, um so weiter geht meist der Slip in Richtung 30%, sollte sie aber nicht überschreiten.

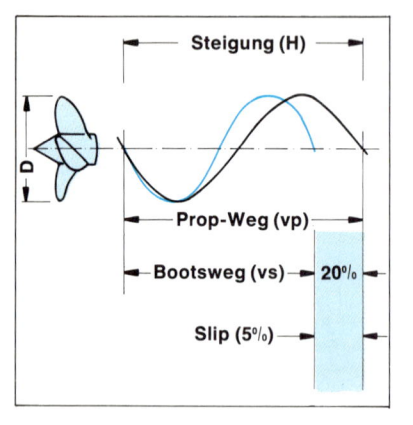

Die Skizze zeigt den theoretischen Weg des Propellers im Verhältnis zur Bootsgeschwindigkeit. Daß in der Skizze Wegstrecken eingezeichnet sind und hier von Geschwindigkeiten die Rede ist, ist kein tatsächlicher Widerspruch, da Geschwindigkeit nichts anderes als Weg pro Zeiteinheit ist.

Die Grafik bietet die Möglichkeit, den Slip in % ohne Rechnung zu bestimmen.

SLIP DES PROPELLERS

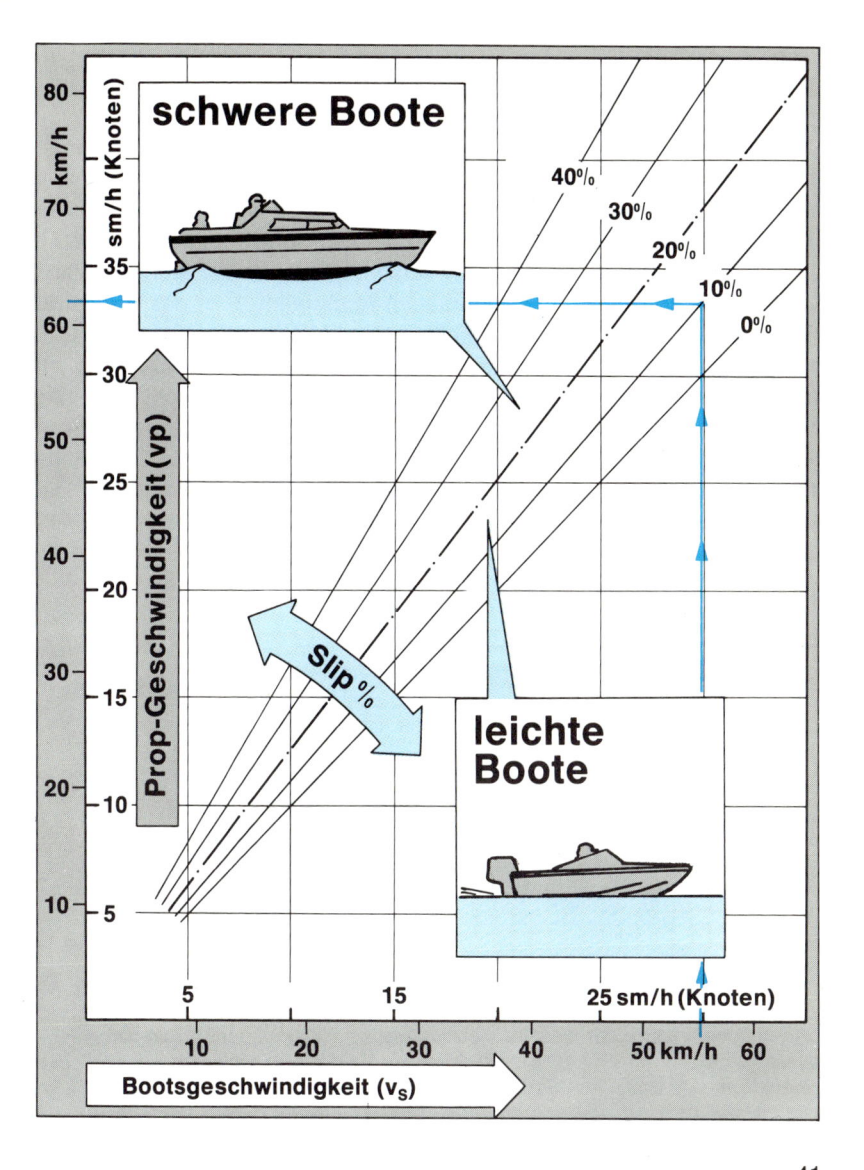

Nachstrom und Anström-Geschwindigkeit

Das Boot zieht mit seinem Rumpf das Wasser mit. Direkt an der Bootshaut hat das Wasser die Geschwindigkeit des Bootes, und in einiger Entfernung steht es still. Es ist leicht vorstellbar, daß dann der Propeller in einer Strömung liegt, die nicht der Bootsgeschwindigkeit entspricht, sondern geringer ist. Es ist auch verständlich, daß bei einem großen, langen Kiel, tiefem Spant und langsam fahrendem Boot das Wasser in einer breiteren Schicht als bei einem flachen, leichten Gleiter mitgerissen wird. Dieser ganze Bereich unterschiedlicher Wassergeschwindigkeit wird als Mitstrom- oder Nachstromfeld bezeichnet und gehört zu den kompliziertesten Größen in der Propeller-Theorie. Deshalb behilft man sich mit Erfahrungswerten für den Nachstrom, die Sie in der Grafik Seite 42 finden. Die Geschwindigkeitsdifferenz in diesem Nachstromfeld ist die Ursache dafür, daß die Propeller-Anströmgeschwindigkeit kleiner bleibt als die Bootsgeschwindigkeit. Auch hier brauchen Sie aber nicht zu rechnen, sondern können die Werte aus dem Diagramm entnehmen.

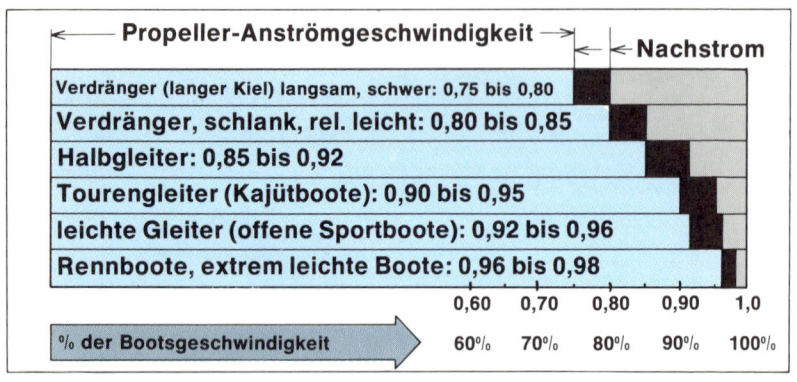

Propeller-Anströmgeschwindigkeit	Nachstrom
Verdränger (langer Kiel) langsam, schwer: 0,75 bis 0,80	
Verdränger, schlank, rel. leicht: 0,80 bis 0,85	
Halbgleiter: 0,85 bis 0,92	
Tourengleiter (Kajütboote): 0,90 bis 0,95	
leichte Gleiter (offene Sportboote): 0,92 bis 0,96	
Rennboote, extrem leichte Boote: 0,96 bis 0,98	

```
                          0,60   0,70   0,80   0,90   1,0
% der Bootsgeschwindigkeit  60%    70%    80%    90%   100%
```

Die üblichen Werte für den Nachstrom (w) sind in der Grafik dargestellt. Die gesamte Balkenbreite ist die Schiffsgeschwindigkeit. Das schwarze Feld stellt den Nachstrom (w) für die jeweilige Rumpfart dar. Der linke Teil ist die Restgeschwindigkeit, die als Anström-Geschwindigkeit des Propellers bezeichnet wird.

NACHSTROM- UND ANSTRÖMGESCHWINDIGKEIT

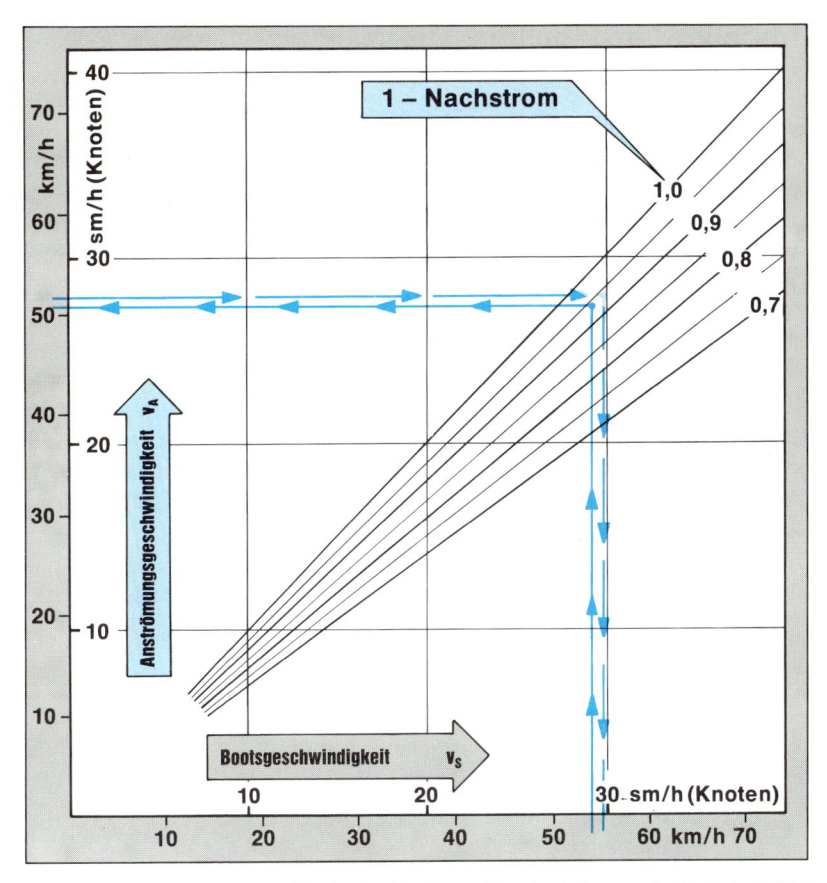

Die Grafik ermöglicht das Ermitteln der Propeller-Anströmgeschwindigkeit (V_A) aus der Bootsgeschwindigkeit. Sie gehen mit Ihrer Bootsgeschwindigkeit von der waagerechten Skala unten senkrecht nach oben bis in den Sektor der für Ihren Rumpftyp anzunehmenden Anström-Geschwindigkeit und können diese dann horizontal an der linken Skala ablesen.

Propeller-Leistung und -Drehzahl

Eines der größten Handicaps, den Propeller-Schub oder die Wirtschaftlichkeit des eigenen Bootes über den Propeller richtig einzuschätzen, ist häufig die Frage, wie groß die wirkliche Wellenleistung, die auf den Propeller geht, eigentlich ist. Bei Einbaumotoren ist die Leistung häufig auf das Schwungrad bezogen, so daß der Wirkungsgrad bis zum Propeller fehlt. Sehr realistisch ist allerdings bei den meisten Herstellern von Einbaumaschinen inzwischen die Leistungsdefinition nach DIN 6270 B, die man je nach Bezugspunkt um die Wirkungsgrade Getriebe, Wellenanlage reduziert in das Diagramm rechts oder in die Propellerrechnung einsetzen kann. Für Außenborder muß man, sofern die Leistungsdefinition nicht auf die Propeller-Welle bezogen ist, die Nennleistung um etwa 15% reduzieren (oder multiplizieren mit 0,85). Dabei gilt es, darauf zu achten, daß die Motorleistung von Außenbord-Motoren entweder nach DIN, ICOMIA oder BIA definiert ist. Anderenfalls sollte man 25% von der Nennleistung abziehen.

Die Propeller-Drehzahl läßt sich relativ leicht ermitteln. Man muß nur die Untersetzung des Getriebes kennen (das haben auch Außenborder, Z-Triebe und S-Triebe).

Wenn Sie rechnen:

Propeller-Drehzahl = Motordrehzahl : Untersetzungsverhältnis.

Beispiel: Motordrehzahl = 5000 1/min
Untersetzungsverhältnis 2:1 = 2
Propeller-Drehzahl = 5000 : 2 = 2500 1/min

Der Leistungskoeffizient stellt nur einen Zwischenwert zur Ermittlung des Propellerwirkungsgrades oder der Propeller-Maße dar. Man braucht ihn, um den Belastungsgrad des Propellers auf der nächsten Seite zu ermitteln.

Wichtig:
Nicht die Motor-, sondern die Propeller-Leistung und -Drehzahl einsetzen.

PROPELLER-LEISTUNG UND -DREHZAHL

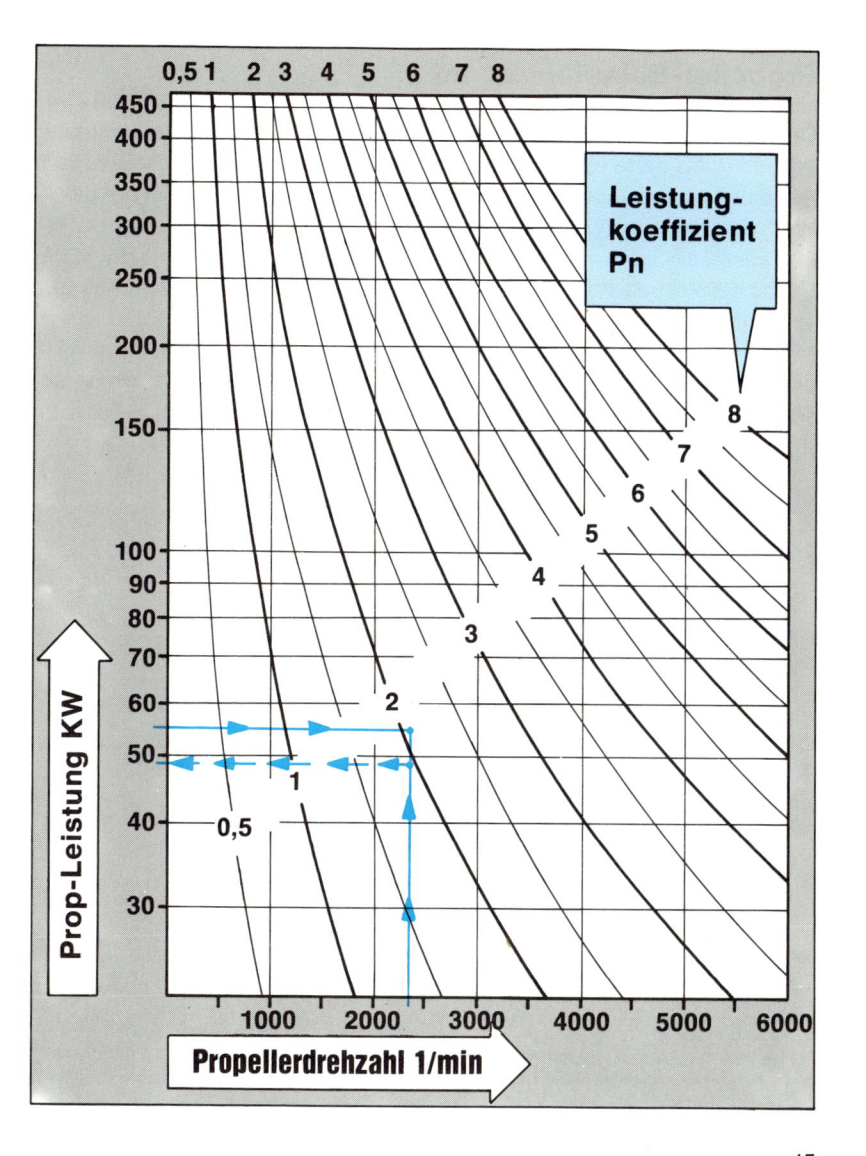

Leistungskoeffizient Pn

Prop.-Leistung KW

Propellerdrehzahl 1/min

Propeller-Belastungsgrad

Der Belastungsgrad des Propellers ist auf der Suche nach dem optimalen Propeller das erste echte Indiz für gute oder mäßig bis schlechte Verhältnisse bei der Umwandlung der Drehbewegung in Schub. Je kleiner dieser Wert ausfällt, um so besser. Diese Zahl ist schwer exakt zu beschreiben. Gefühlsmäßig kann man aber sagen, je kleiner der Wert, um so leichter hat es der Propeller, die drehende Kraft in Schub umzuwandeln, und um so geringer sind die Verluste.

Mathematisch stellt er sich wie in der Formel unten dar. Sie können ihn aber ohne Rechnerei aus der Grafik rechts entnehmen. Die Propeller-Anströmgeschwindigkeit V_A (Seite 43) und den Leistungskoeffizienten P_n (Seite 47) haben Sie wahrscheinlich schon ermittelt.

$$V_A = V_S \cdot (1 - w)$$

$$B_{p_1} = n \cdot P^{1/2} \cdot v_A^{-5/2} = \frac{n \cdot \sqrt{P}}{v_A^2 \cdot \sqrt{v_A}} = n \cdot \sqrt{\frac{P}{v_A^5}}$$

Die Formel für den Belastungsgrad stelle ich der Vollständigkeit halber dar, falls Sie die ganze Geschichte in Ihren Heimcomputer programmieren wollen.

In der Formel bedeuten:
n   = Drehzahl/min
P   = Leistung in SHP (British Shaft Horse Power)
SHP ≈ PS (76 kpm/s)
V_A = Anströmgeschwindigkeit des Propellers in Knoten (sm/h)
V_S = Bootsgeschwindigkeit in Knoten
w   = Nachstrom, der meist in % der Bootsgeschwindigkeit dargestellt wird. In die Formel geht man mit der Dezimalzahl.

---

* Ich habe die Formel aus den Wageninger Propeller-Versuchen unverändert gelassen, da sich die ganzen theoretischen Unterlagen auf diese Formel und die britischen Wellen-PS beziehen.

PROPELLER-BELASTUNGSGRAD

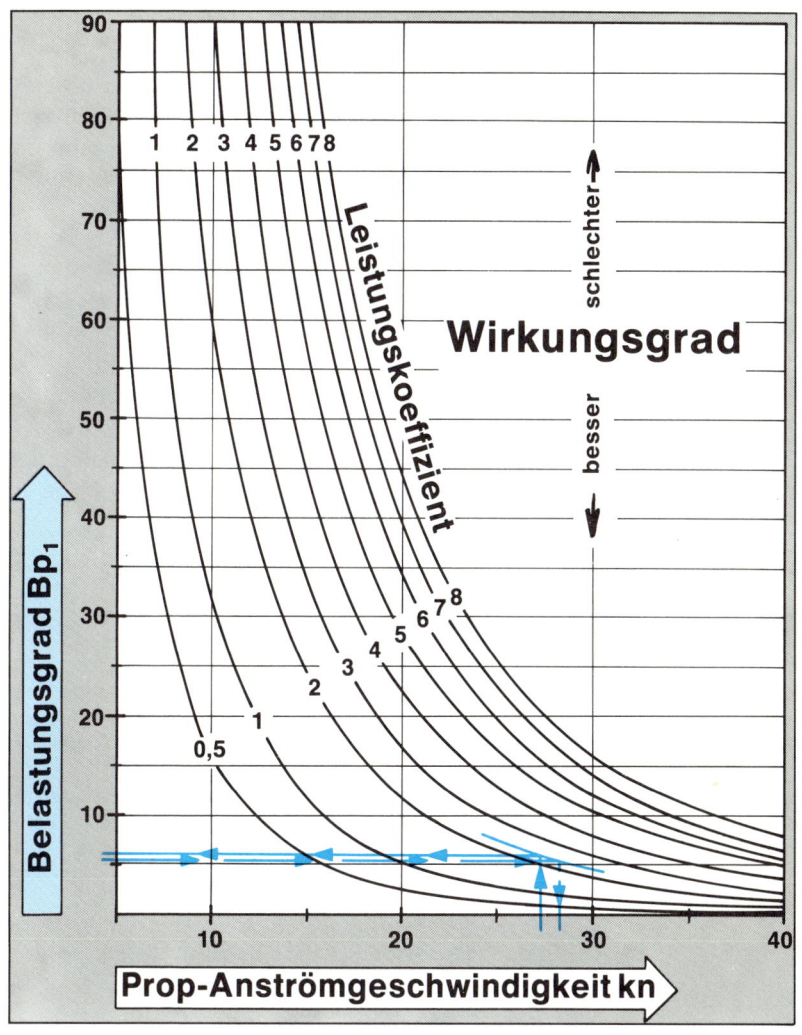

Grafik zur Ermittlung des Propeller-Belastungsgrades

Steigungsverhältnis des Propellers

Das Steigungsverhältnis ist nichts anderes als die Steigung dividiert durch den Außendurchmesser des Propellers. Es ist bei dieser Zahl egal, ob Sie Zoll oder Millimeter ins Verhältnis setzen. Die Zahl selbst sagt dem Praktiker meist weniger als die hintereinander gesetzten Maße Durchmesser und Steigung. Da weiß man:

> **Durchmesser → kleiner → Steigung = für schnelle Boote**
> **Durchmesser → größer → Steigung = für langsame Boote**

Die Verhältniszahl z. B. Steigungsverhältnis 1,2 ist sehr abstrakt.
Daß hier dennoch eine Seite in Form eines Nomogramms gefüllt ist, hat folgenden Grund:
Man braucht diese Verhältniszahl unbedingt für die Einschätzung des Propeller-Wirkungsgrades oder umgekehrt, um die Propeller-Maße zu ermitteln.

Nomogramm zur Bestimmung des Steigungsverhältnisses von Propellern.

So wird's gemacht:
Sie markieren an der linken Skala den Durchmesser, an der rechten die Steigung Ihres Propellers und verbinden die beiden Punkte mit einer Linie. Dort, wo die Linie die mittlere Skala schneidet, liegt das Steigungsverhältnis Ihres Propellers.

Umgekehrt: Wenn Sie das Steigungsverhältnis haben, kommt es darauf an, den für Ihr Boot größtmöglichen Durchmesser zu wählen (s. Seite 38). Wenn der Durchmesser festliegt, zeichnen Sie vom Durchmesser-Maß über die Skala des Steigungsverhältnisses eine Linie und erhalten so die Steigung für den optimalen Propeller.

Achtung: *Von der Millimeter-Skala müssen Sie erst horizontal zur Zoll-Skala!*

Zoll → mm → Zoll
Die beiden senkrechten Skalen für mm und Zoll können Sie auch zur groben Umrechnung der Prop.-Maße verwenden.

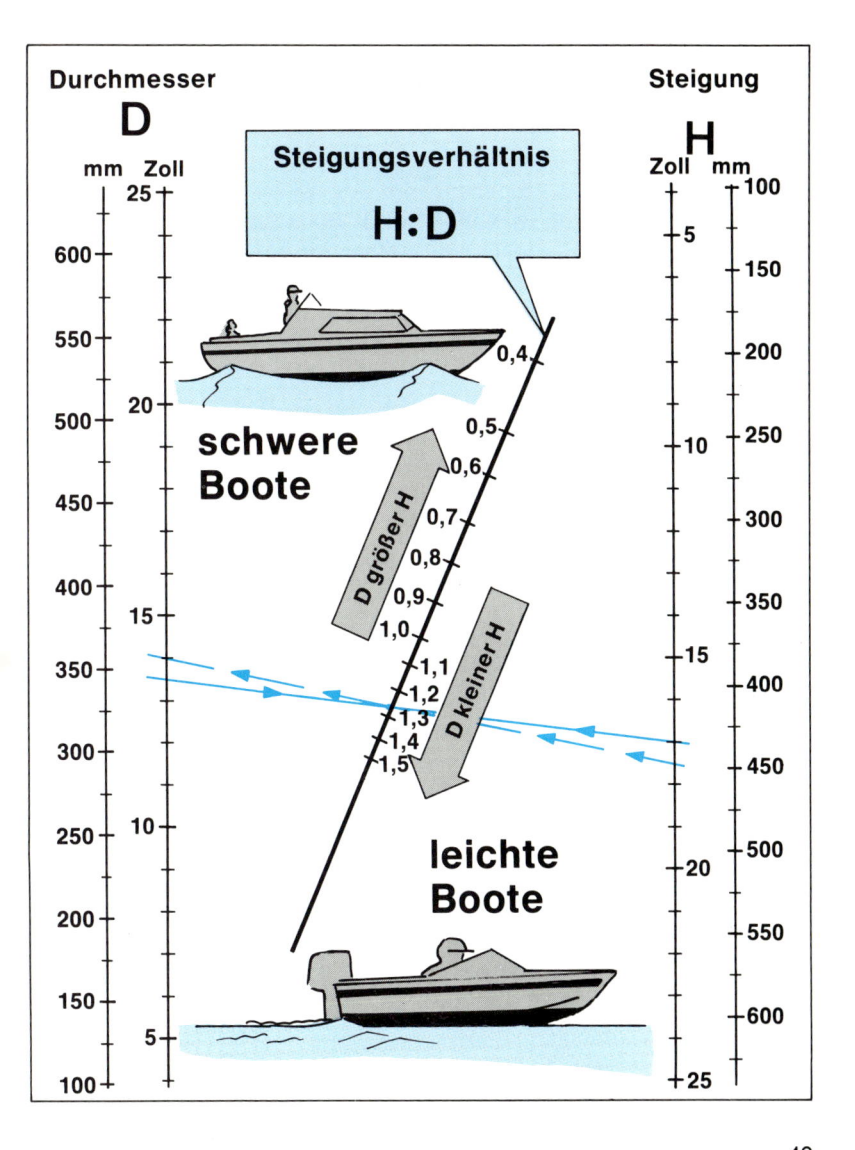

STEIGUNGSVERHÄLTNIS DES PROPELLERS

Durchmesser D (mm / Zoll)

Steigung H (Zoll / mm)

Steigungsverhältnis H:D

schwere Boote

D größer H

D kleiner H

leichte Boote

49

Propeller-Wirkungsgrad

Der Wirkungsgrad des Propellers sagt aus, wieviel der ankommenden Wellenleistung in Schub verwandelt wird. Wenn Sie den Abschnitt „Unsichtbare Verluste" gelesen haben, werden Sie bei der Überprüfung des Wirkungsgrades von Ihrem Propeller nicht allzu erschüttert sein. Die Grafik (unten) zeigt, was man an realistischen Wirkungsgraden für verschiedene Bootstypen überhaupt annehmen kann.

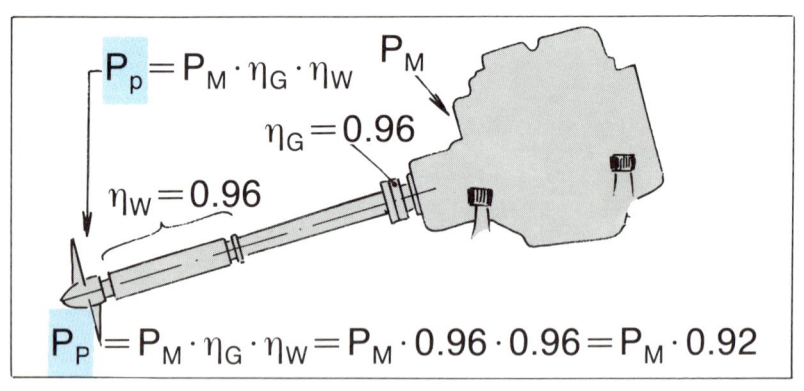

$$P_p = P_M \cdot \eta_G \cdot \eta_W$$
$$\eta_G = 0.96$$
$$\eta_W = 0.96$$
$$P_P = P_M \cdot \eta_G \cdot \eta_W = P_M \cdot 0.96 \cdot 0.96 = P_M \cdot 0.92$$

Wirkungsgrade multiplizieren sich. Ist die Motorleistung auf das Schwungrad bezogen, muß man noch mit dem Wirkungsgrad (griech. Eta) von Getriebe bis Wellenausgang multiplizieren. Liegen keine Herstellerwerte (Vorsicht!) vor, können Sie die Wirkungsgrade aus der Skizze nehmen oder von der Schwungrad-Leistung nach DIN 6270 B über den Daumen 8 bis 10% abziehen. Das gilt auch für Z-Triebe und S-Triebe, sofern nicht die Leistung auf die Propellerwelle bezogen ist.
Ist bei Einbaumaschinen die Leistung auf die Welle am Getriebeausgang bezogen, muß man für die Wellenanlage 4 bis 5% und für jedes zusätzliche Lager etwa 2% abziehen.

PROPELLER-WIRKUNGSGRAD

Auf den folgenden Seiten sind Wirkungsgrad-Diagramme für Drei- und Zweiflügler abgebildet, mit deren Hilfe Sie auch ihren Propeller beurteilen können. Machen Sie sich die Mühe, den Belastungsgrad mit Hilfe der Grafiken ab Seite 39 zu ermitteln (Beispiele Seite 32–33). Jedes Prozent Propeller-Wirkungsgrad mehr bedeutet 6–3% Kraftstoff-Einsparung.

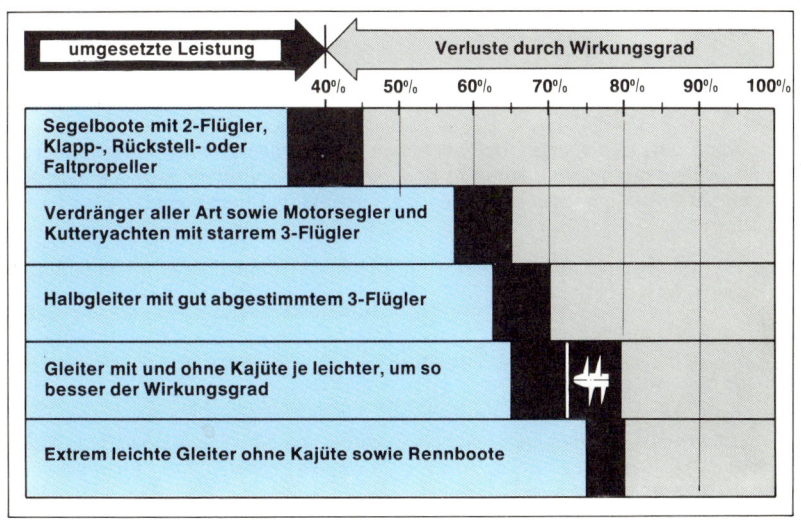

umgesetzte Leistung	Verluste durch Wirkungsgrad
	40% 50% 60% 70% 80% 90% 100%
Segelboote mit 2-Flügler, Klapp-, Rückstell- oder Faltpropeller	
Verdränger aller Art sowie Motorsegler und Kutteryachten mit starrem 3-Flügler	
Halbgleiter mit gut abgestimmtem 3-Flügler	
Gleiter mit und ohne Kajüte je leichter, um so besser der Wirkungsgrad	
Extrem leichte Gleiter ohne Kajüte sowie Rennboote	

Für die Praxis einigermaßen realistische Wirkungsgradwerte.

---

* Das zweite Feld mit dem angedeuteten Doppelpropeller bezeichnet den Wirkungsgrad-Bereich des von VOLVO kürzlich auf den Markt gebrachten Duo-Prop, der alles bisher Erreichbare um 10 bis 15% verbessert. Da es sich um einen gegenläufigen Doppel-Propeller handelt, kann er nicht auf seinen Wirkungsgrad nach diesem Schema überprüft werden. Alle bisher gefahrenen Tests haben aber eine weit bessere Leistungsausbeute als mit dem Einzel-Propeller ergeben. Er wird aber z. Zt. nur im Leistungsbereich 80 bis 110 kW angeboten und wird nur mit Dieselmotoren gekuppelt.

DER RICHTIGE PROPELLER FÜR IHR BOOT

Die Diagramme rechts und auf den beiden folgenden Seiten sind vereinfachte Wirkungsgrad-Diagramme aus der Wageninger Versuchsreihe „B-Screw Series". Sie bieten die Möglichkeit, über den Belastungsgrad und das Steigungsverhältnis den Wirkungsgrad zu schätzen. Oder umgekehrt, von einem guten Wirkungsgrad ausgehend, die Propellermaße festzulegen.
Das Diagramm rechts ist für 3flügelige Propeller mit einem Flächenverhältnis von 50% (0,5), das Diagramm auf der nächsten Seite für 3flügelige Propeller mit einem Flächenverhältnis von 80% (0,8) und auf der übernächsten Seite für 2flügelige Propeller mit einem Flächenverhältnis von 30%.
Ich habe mich auf die Darstellung dieser drei Propeller beschränkt, da ich glaube, daß man nicht allzu falsch liegt, wenn man mit einem Flächenverhältnis von +/− 15% in die Diagramme geht, d. h. mit etwa 35 bis 65% in das Diagramm rechts usw.
Man kann davon ausgehen, daß bei einem etwas größeren Flächenverhältnis als im Diagramm der Wirkungsgrad in Wirklichkeit um 1% höher liegt, als man aufgrund des Belastungsgrades im Diagramm abliest und umgekehrt.

Zum gefühlsmäßigen Erfassen der Zusammenhänge sollten Sie die Grafik mal als Ganzes betrachten.
- *Links oben sehen Sie die Bezeichnung B3-50. Das bedeutet, das Diagramm ist für Dreiflügler mit einem Flächenverhältnis von 50% (die Flügelfläche füllt die halbe Durchmesserfläche), was in dem kleinen Propeller darunter maßstäblich richtig angedeutet ist.*
- *Auf der senkrechten Skala ist der Belastungsgrad aufgetragen, den man mit Hilfe der Grafiken ab Seite 39 (Beispiel Seite 32 und 33) ermitteln kann.*
- *Auf der horizontalen Skala steht das Steigungsverhältnis (s. Seite 49).*
- *Die dicken schwarzen Linien stellen den Wirkungsgradverlauf in 50% Abstand dar.*
- *Die dicke blaue Linie, die quer über die Wirkungsgradlinien läuft, kennzeichnet den Bereich des optimalen Steigungsverhältnisses, d. h. daß ein Propeller immer nur in einem bestimmten Belastungsbereich den besten Wirkungsgrad hat, z. B. hat ein Propeller mit einem Steigungsverhältnis von 1,0 (Durchmesser gleich groß wie Steigung im Belastungsgrad-Bereich) um 8 seinen besten Wirkungsgrad.*

Beispiel: *Die Zahlen zu dem mit den dünnen blauen Pfeilen eingezeichneten Beispiel finden Sie auf Seite 32 und 33.*

B 3–50

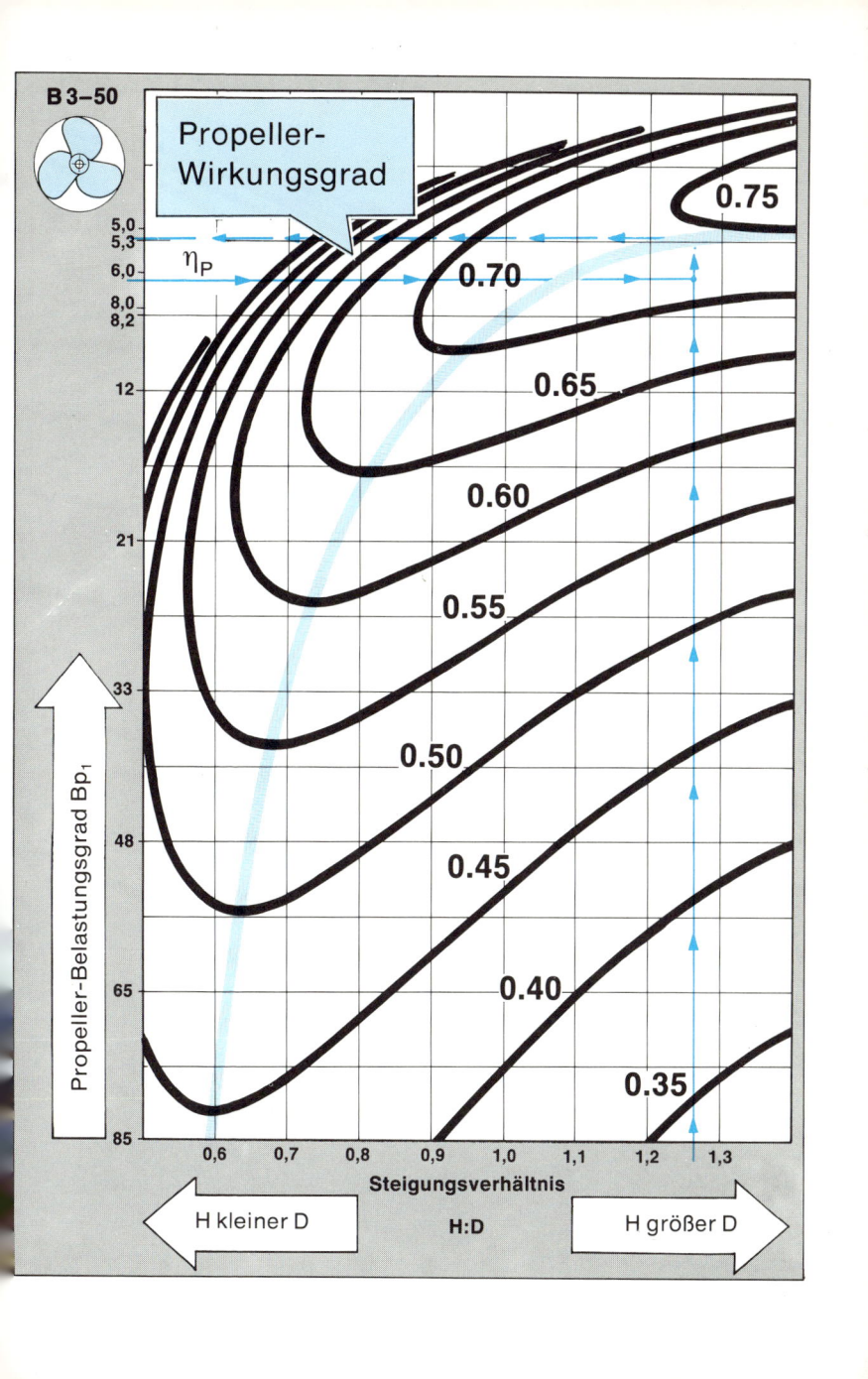

Propeller-Wirkungsgrad η_P

Propeller-Belastungsgrad Bp_1

Steigungsverhältnis H:D

H kleiner D ← → H größer D

B 3-80

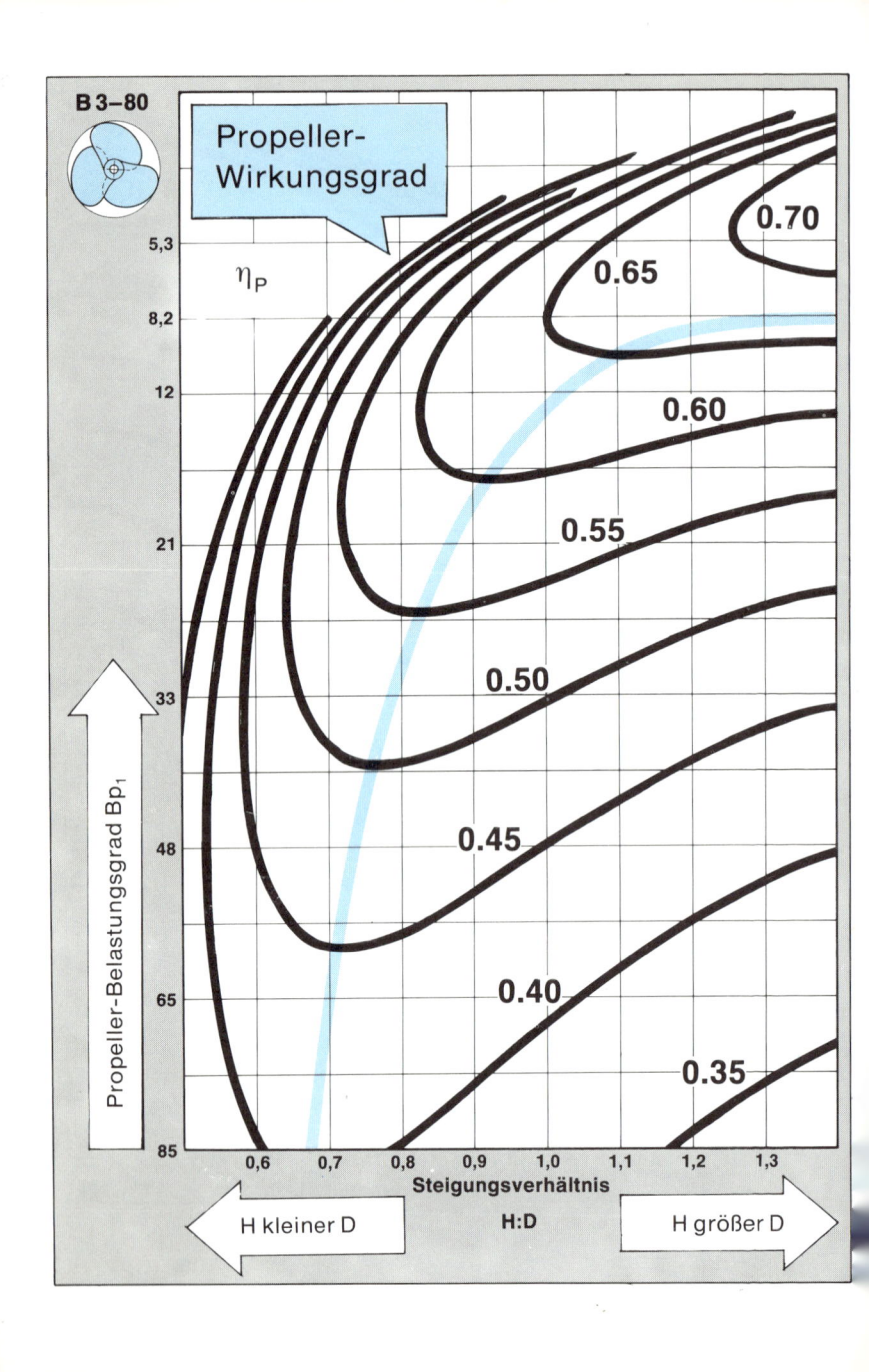

Propeller-Wirkungsgrad η_P

Propeller-Belastungsgrad Bp_1

Steigungsverhältnis H:D

H kleiner D ← → H größer D

Kurvenwerte: 0.70, 0.65, 0.60, 0.55, 0.50, 0.45, 0.40, 0.35

Achsenwerte Bp_1: 5,3 – 8,2 – 12 – 21 – 33 – 48 – 65 – 85

Achsenwerte H:D: 0,6 – 0,7 – 0,8 – 0,9 – 1,0 – 1,1 – 1,2 – 1,3

B 2–30

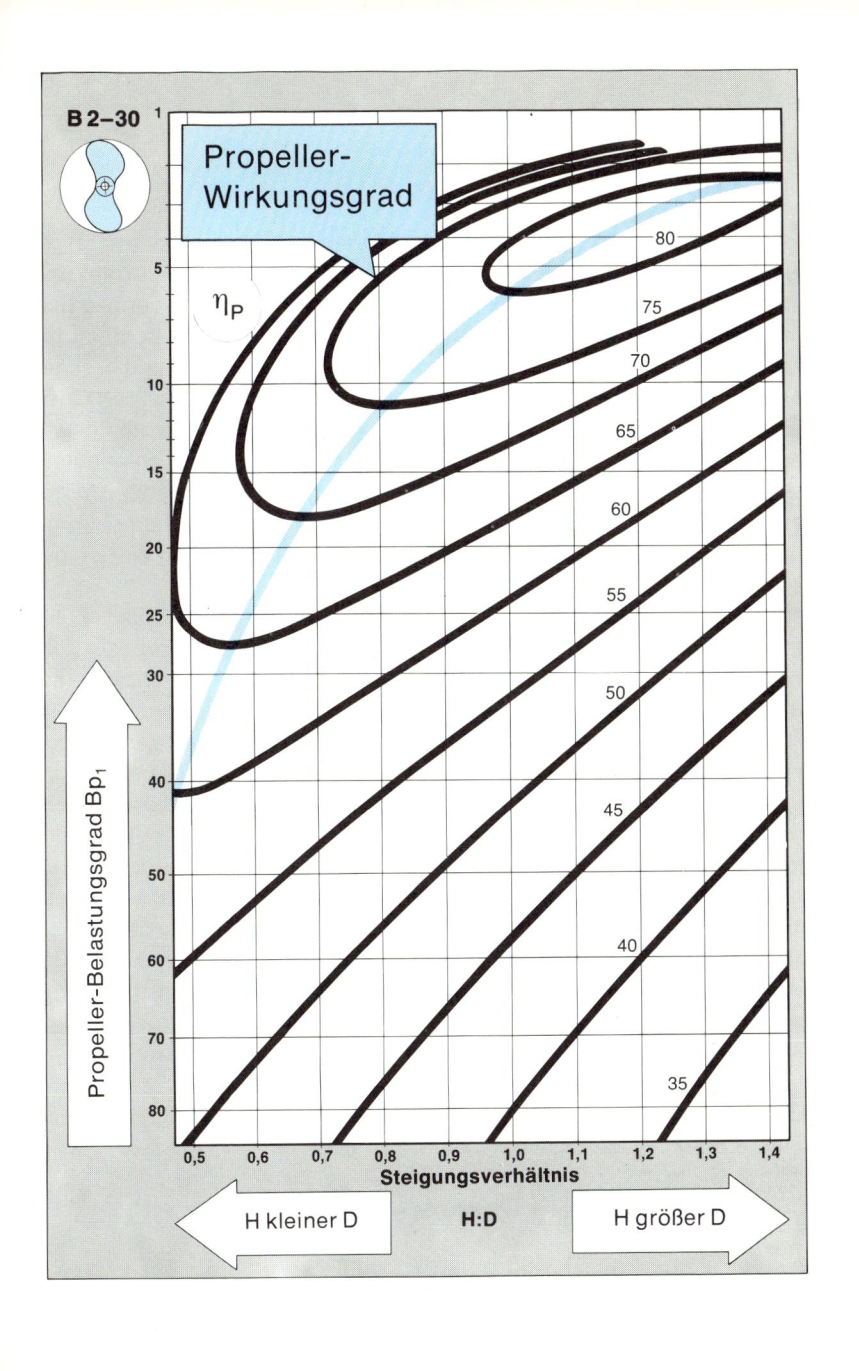

Propeller-Wirkungsgrad η_P

Propeller-Belastungsgrad Bp_1

Steigungsverhältnis H:D

H kleiner D ← → H größer D

Motor und Propeller

Motoren verbrennen den Kraftstoff nach den vom Konstrukteur festgelegten Gesetzen. Sie entwickeln auch nach festen Regeln Drehzahl und Leistung. Wieviel der Motor bei welcher Drehzahl zu leisten vermag und wieviel Kraftstoff er bei unterschiedlicher Belastung verbraucht, ist für die meisten Motoren in exakten Bremsversuchen gemessen und in sogenannten Kennfeldern aufgezeichnet. Diese Kennfelder sind für den Laien recht kompliziert und, da sie die Stärken und natürlich auch die Schwächen eines Motors restlos offenbaren, sind sie meist sehr wohlgehütete Geheimnisse der Motoren-Hersteller. Was man fast von jedem Motor haben kann (zumindest von Viertaktern), sind Vollast-, Drehmoment- und Verbrauchskurven. Der Verbrauch wird meist in spezifischen Werten genannt und ist auf die Vollast-Linie bezogen.

Leider hat diese Kurve nur in einem einzigen Punkt für das Boot Bedeutung. Das ist jener Punkt, wo die Leistungsaufnahme des Propellers die Vollast-Linie erreicht. Das geschieht bei Vollgas und Nenndrehzahl – ein Punkt, der vom Motoren-Hersteller festgelegt ist und meist nach DIN 6770 B definiert ist. Jedenfalls sollte das der Punkt sein, wo der richtige Propeller die Nennleistung aufnimmt. Vor Erreichen der Nenndrehzahl nimmt der Propeller nach einer seiner Gesetzmäßigkeit entsprechenden Kurve* lächerlich wenig Leistung auf. Das ist der Grund, warum der Motor in fast allen Drehzahl-Bereichen in einem spezifisch ungünstigen Bereich arbeitet, wo er zur Leistungsentwicklung unnötig viel (auch spezifisch gesehen) Kraftstoff verbraucht. Es liegt aber leider in den Gesetzen der Physik für diese Kraftübertragung festgeschrieben und ist im Prinzip nicht zu verändern. Was man allerdings machen kann, das ist, die ganzen Elemente etwas hin und her schieben und optimieren. Das bringt dann auch manchmal jede Menge „Mehr Meilen", oft auch verbunden mit „weniger Sprit".

In den Diagrammen rechts und auf den nächsten Seiten wird der Versuch unternommen, diese Zusammenhänge zu erklären.

---

* Theoretisch ist die Leistungsaufnahme-Kurve eine kubische Parabel.

In dieser Diagramm-Gruppe sehen Sie, wie sich Leistung, Drehmoment und Kraftstoff-Verbrauch mit zunehmender Drehzahl entwickeln.

Schwarz: Vollast-Werte eines Motors

Grau: Propeller-Werte

Diagramm A Die Vollast-Kurve gibt an, wieviel Leistung ein Motor bei jeder Drehzahl hergeben kann, ohne Schaden zu leiden. Der Propeller nimmt dem Motor nach der grauen Kurve die Leistung ab. Ist er richtig abgestimmt, schneidet die Prop.-Kurve die Vollast-Linie genau im Punkt der Nenndrehzahl. Genau dieser Bereich rund um diesen Schnittpunkt ist für alle von Interesse und wird im folgenden noch unter die Lupe genommen.

Diagramm B + C zeigt die Drehmoment-Entwicklung am Motor und Propeller und analog darunter den spezifischen Verbrauch. Sie sehen, wie weit der Propeller vom günstigsten Bereich des Drehmoments und des spezifischen Verbrauchs entfernt ist.

Diagramm D So sieht dann der Vergleich des absoluten Verbrauchs aus. Obwohl der Propeller den Motor zwingt, im Teillastbereich mit spezifisch höherem Verbrauch zu verbrennen, liegt die Verbrauchskurve in weiten Teilen viel niedriger als die Vollast-Linie. Die Ursache ist die geringe Leistungsaufnahme des Props.

Diese Werte sind allerdings idealisiert, die Praxis macht oft Schlenker in die Harmonie dieser Kurven, was sich von Boot zu Boot zwar unterschiedlich, aber häufig positiv auswirkt.

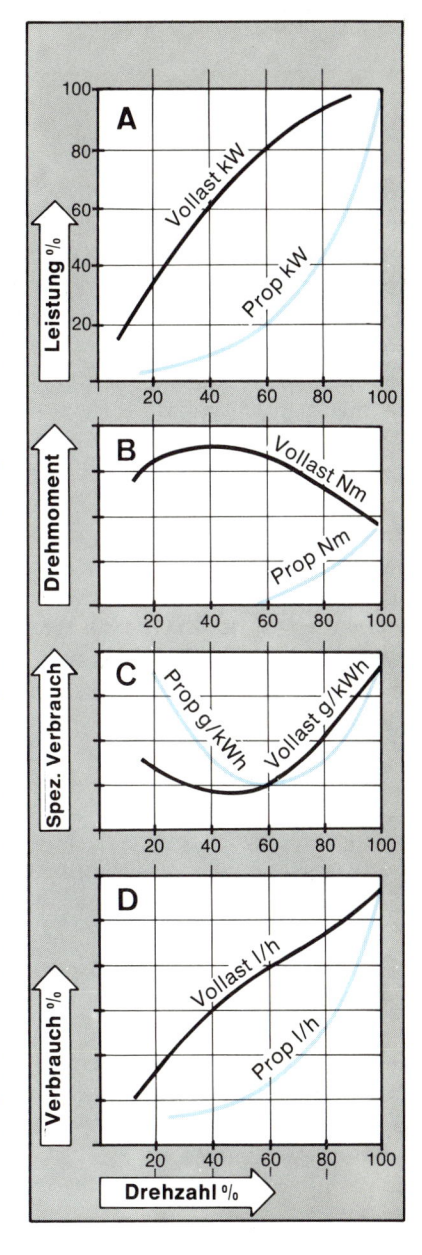

Propeller-Abstimmung

Wie empfindlich ein Motor im Bereich der Nenndrehzahl reagiert, zeigt das in der Praxis gemessene Beispiel rechts. Hier wird deutlich, wie wichtig die Abstimmung Motor – Propeller ist.
Folgende Drehzahlen sollte man anstreben:
Dieselmotoren – der Propeller soll bei Normalbelastung gerade Nenndrehzahl erreichen. Mit etwas Überlast, z. B. 1–2 Personen mehr an Bord, muß der Motor deutlich unter die Nenndrehzahl gehen. Auf diese Weise hat man z. B. im Urlaub bei etwas mehr Last einen zwar nach Ansicht der Motoren-Hersteller zu großen Propeller, er fährt aber sparsamer. Das darf man natürlich nicht übertreiben, da sonst das Triebwerk leidet. Mehr als 5% unter Nenndrehzahl sollte man nicht gehen!
Benzin-Viertakter – Benziner entwickeln im Vollgas-Bereich etwas mehr Sensibilität als Dieselmotoren. Man sollte aber auch hier den Propeller so wählen, daß man sicher sein kann, daß er nicht zu klein ist.
Außenborder – Hier nennt der Hersteller einen Vollgas-Bereich von etwa 1000 Umdrehungen. Der Propeller sollte bei Normalbelastung des Bootes in der unteren Hälfte dieses Drehzahl-Bereichs liegen.

> **Faustregel**
> 1 Zoll Steigung macht bei mittleren Booten ca. 200 Umdrehungen. Mit dieser Faustregel sollten Sie auch überprüfen, ob der Motor überhaupt Höchstdrehzahl erreichen kann, indem Sie das Boot auch mal allein fahren, eine oder mehrere Personen zuladen und die Höchstgeschwindigkeit prüfen, wie es auf Seite 99 beschrieben ist.

Die Drehzahl ist zwar der entscheidende Faktor für die Abstimmung des Propellers, es müssen aber auch Trimm und Geschwindigkeit stimmen, sonst ist der Verbrauch unnötig hoch. Ohne Verbrauchsmeßgerät (gute Geräte sind sehr teuer) kann man das nur über Trimmfahrten und durch Überprüfung des Propeller-Wirkungsgrades auf den Seiten 54-57 in den Griff bekommen. Im Prinzip gilt natürlich bei Vollgas der in der Skizze aufgezeigte Grundsatz.

Hier sind die Werte von drei extrem auseinander liegenden Propellern aufgeführt, um mit aller Deutlichkeit zu zeigen, was sich abspielen kann, wenn man den Motor mit dem Propeller entweder zu sehr unter Druck setzt oder ihm gar nicht die volle Leistung abnimmt, so daß er überdreht. Das sind zwar Werte von einem Außenborder, der hier zusammen mit dem Boot eine sehr starke Reaktion zeigte, was bei Benzin-Viertaktern und Dieselmotoren nicht in dem Maß der Fall ist.

● *Die Punkte in den Kurven bezeichnen den Gleitbeginn.*

Grau *ist der vom Außenborder-Hersteller genannte Vollgas-Bereich.*

Schwarze Linie: *Optimaler Propeller! Er liegt in der ersten Hälfte des vom Hersteller in der Betriebsanleitung genannten Vollgas-Bereichs. Der Motor verbrennt richtig, der Zündzeitpunkt stimmt.*

Gestrichelte Linie: *Propeller zu groß! Die Steigung des Propellers war zwei Zoll größer gewählt, der Propeller würgt den Motor weit unter den Vollgas-Bereich, bringt nichts mehr an Geschwindigkeit und verbraucht viel Treibstoff.*

Gepunktete Linie: *Propeller zu klein! Hier wurde die Steigung drei Zoll kleiner als beim optimalen Propeller gewählt. Der Motor dreht mehr als Vollgas-Drehzahl, was sowohl zu schlechten Geschwindigkeits- als auch zu schlechten Verbrauchswerten führt. Der Kraftstoff verbrennt nicht mehr richtig, der Propeller überdreht ebenfalls, da die Strömungsverhältnisse nicht mehr stimmen, und entwickelt keinen Schub.*

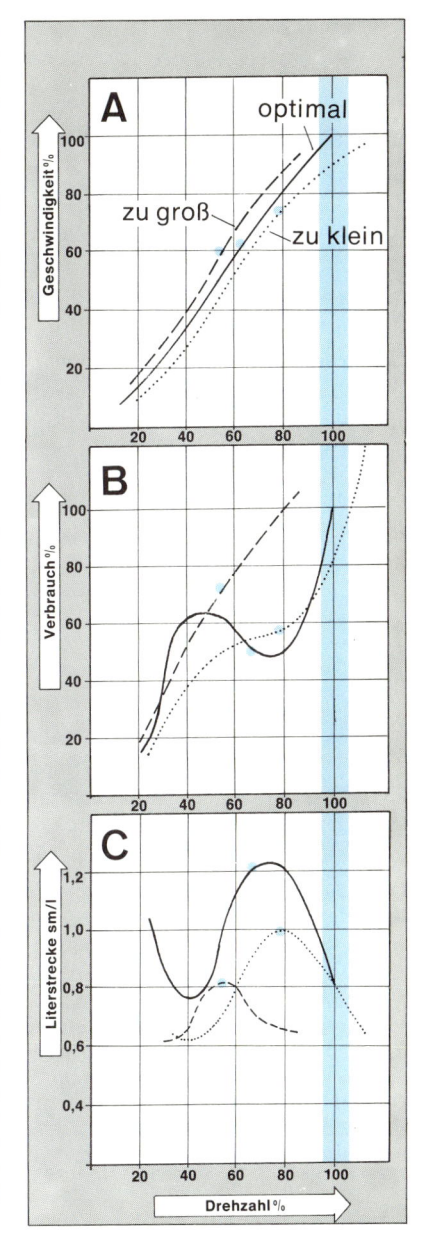

Charakteristisches Fahrverhalten von Booten

Auf den folgenden Seiten sind viele Hinweise auf das charakteristische Fahrverhalten der drei Grundformen von Bootsrümpfen gegeben. Sie füllen das Mosaik zwischen der „Theorie" und der Praxis. Die Grafiken sind so aufgebaut, daß Sie die Werte Ihres eigenen Bootes eintragen und vergleichen können, ohne das gut geschulte Auge des Konstrukteurs für Linien haben zu müssen.

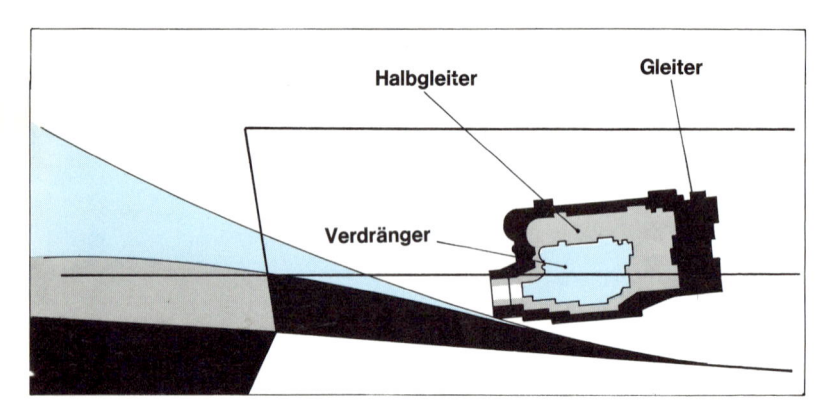

Diese Skizze zeigt die Hauptmerkmale des Bodens für die drei Bootskategorien im Vergleich.

Verdränger: *Das Wasser läuft ohne Gewalt am Rumpf entlang und schließt sich hinten harmonisch zusammen.*

Halbgleiter: *Hier zwingt man durch die keilförmig nach unten gezogene Bodenform (grau) das Wasser, flacher abzulaufen, was gleichzeitig zu einem Anheben des Hecks durch beginnenden dynamischen Auftrieb führt. Das geht allerdings nur über eine etwas stärkere Maschine.*

Gleiter: *Der Rumpf läuft vom tiefsten Punkt fast gerade nach hinten (schwarz). Diese Bodenform führt dazu, daß das Boot durch dynamischen Auftrieb sehr hoch aus dem Wasser kommt, was nur mit einer relativ großen Maschine möglich ist.*

Fahrverhalten von Verdrängern

Der Verdränger ist die althergebrachte Rumpfform, die relativ wenig Antrieb für Ihre optimale Geschwindigkeit braucht. Spitzgatter und Boote mit normalem Kanu- oder Yachtheck erzielen ihre Endgeschwindigkeit bei einer Geschwindigkeitsstufe $V_R^* = 5$. Das ist bei einem 9,5-m-Boot mit 8 m Wasserlinienlänge ca. 7,5 kn (14 km/h). Natürlich gibt es bis zum sogenannten Halbgleiter noch viele Zwischenstufen, die als schnelle Verdränger bezeichnet werden, aber auch sie erreichen mit sehr starker Motorisierung nur $V_R^* = 8$ (bei 8 m Wasserlinienlänge 12 kn/22,5 km/h).

Das hervorstechendste optische Merkmal eines Verdrängers im Stillstand ist das Herauslaufen des Bootsbodens aus dem Wasser (X). Die Heckform (spitz oder Spiegel) selbst spielt dabei nur eine untergeordnete Rolle. Beim Fahren vertrimmt sich das Boot wenig, solange die Heckwelle (W) nicht hinter den Rumpf wandert. Geschieht das, dann sackt das Heck in das Wellental, der Leistungsaufwand steigt

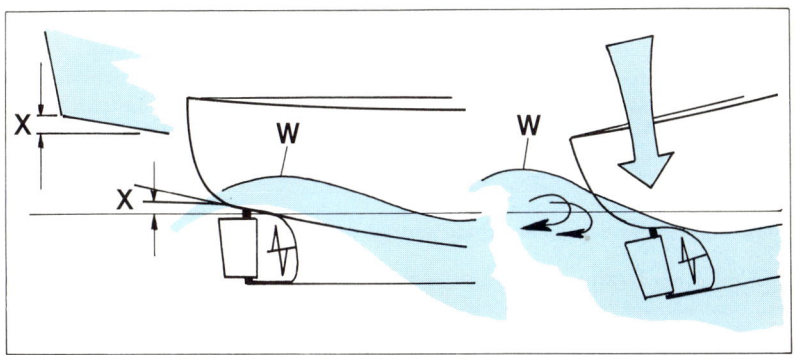

stark an, und die Wellenbildung geht extrem in die Höhe, da ein Großteil der Energie zum Wellen-Aufbau verwendet wird (Formwiderstand). Das Heck beginnt zu saugen, und der Widerstand steigt weiter.

An Verdrängern, die bei einer Motorisierung von 4–6 kW/t eine relative Geschwindigkeit von 5 nicht erreichen, muß unbedingt etwas getan werden: Prop.-Wirkungsgrad, Betriebsbedingungen des Motors und Trimm prüfen!

---

* V_R = relative Geschwindigkeit s. Seite 19

CHARAKTERISTISCHES FAHRVERHALTEN

Die rechts eingezeichneten Kurven sind mittlere Werte von Verdrängern. Ihre eigenen Daten können in der Größe etwas abweichen. Wichtig ist, den Kurvenverlauf zu vergleichen. (Wird die Kurve flacher oder steiler? Hat die Kurve einen Knick?

Die Linien bedeuten:

——— *Ihr Boot ist in Ordnung. Boot/Motor und Propeller sind gut aufeinander abgestimmt. Der Prop. hat einen vernünftigen Wirkungsgrad. Wenn der Rumpf bei 80% der Nenndrehzahl bereits über 3° hochkommt, sollten Sie das Boot etwas vorlastig trimmen (Wasserlinie in Ruhelage auf −1°).*

− − − − *Schnelle Verdränger bis V_R^* = 8 mit 8 − 15 kW/t sind unter wirtschaftlichen Gesichtspunkten sehr trimmempfindlich. Durch ihre Rumpfform müssen sie meist mit einem Trimmwinkel bis 5° fahren. Läuft das Boot steiler, verschwenden Sie sinnlos Kraftstoff. Eine Veränderung des Trimms ist vernünftig. Dies kann durch Veränderung des Gewichttrimms oder durch Auftriebsflächen bzw. Staukeile geschehen.*
Boot nicht kaufen, es sei denn, es geht bei 95% der Nenndrehzahl bereits unter einen Trimmwinkel von 5° zurück.

− · − · − *Wenn der Rumpf ein Verdränger ist, ist er restlos übermotorisiert. Hier hilft nur eine Radikalkur (den Motor drosseln − Einspritzpumpe − Fliehkraftregler oder mit eisernem Willen nicht über 80% der Drehzahl fahren). Als Halbgleiter zu wenig Leistung. Mängelbeseitigung aufwendig! (½ Zoll größerer Propeller und Staukeile.) Boot nicht kaufen!*

· · · · · · *Völlig indiskutabel. Wirkungsgrad, Motor und Trimm überprüfen.*

A = Wenn der Motor nicht genau Nenndrehzahl dreht, sondern weniger (100 oder 150 Umdrehungen − kann das mit dem Gewichtstrimm zusammenhängen), haben Sie einen deutlichen Hinweis auf die Tatsache, daß der Propeller zu groß ist. Das kann bei Dieseln ganz positiv sein, solange der Auspuff nicht qualmt. Sonst muß ein kleinerer Propeller drauf. Prüfen Sie aber vorher, ob das Boot nicht überladen ist.

B = Die maximale Drehzahl liegt über der Nenndrehzahl. Das ist ein deutliches Anzeichen für einen zu kleinen Propeller. Er sollte in jedem Fall ausgetauscht werden. Den vorhandenen Propeller können Sie als Urlaubs- oder Reserveprop fahren.

---

* V_R = Relative Geschwindigkeit

Trimmwinkel °

- stark untermotorisierter Gleiter (völlig ungeeignet), bis 15° Trimmwinkel.
- übermotorisierter Verdränger oder untermotorisierter Halbgleiter (am UW-Schiff bzw. Heck zu erkennen)
- schneller Verdränger, stark motorisiert (ca. R = 5)
- normaler Verdränger, vernünftig motorisiert (R = 8)

Drehzahl (¹/min.)

A — erreicht nicht die Nenndrehzahl (Prop zu groß oder Boot überladen)

B — Motor dreht zu hoch (nur bei Benzinern oder nicht drehzahlgeregelten Dieseln) – Prop zu klein!

Geschwindigkeit

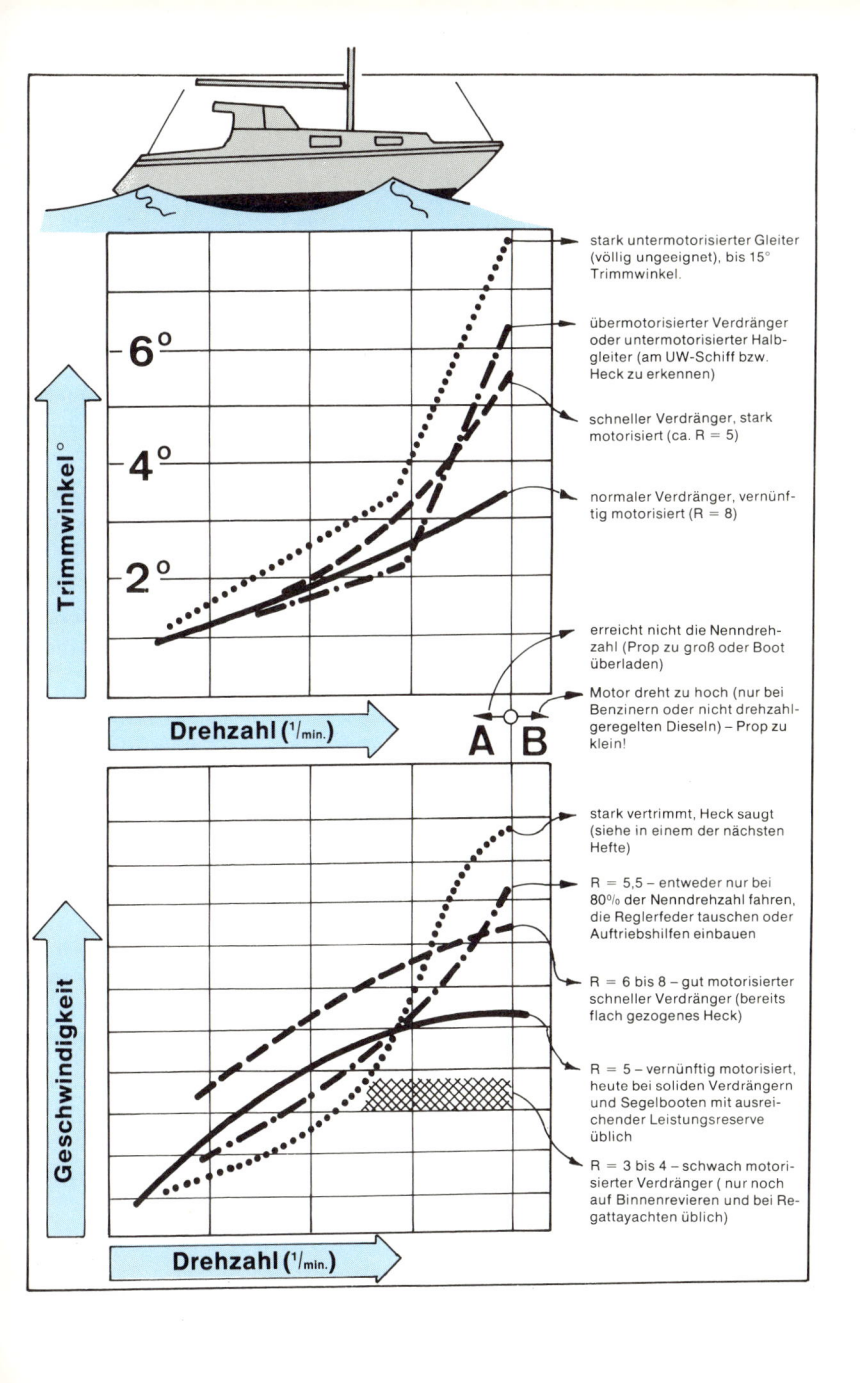

- stark vertrimmt, Heck saugt (siehe in einem der nächsten Hefte)
- R = 5,5 – entweder nur bei 80% der Nenndrehzahl fahren, die Reglerfeder tauschen oder Auftriebshilfen einbauen
- R = 6 bis 8 – gut motorisierter schneller Verdränger (bereits flach gezogenes Heck)
- R = 5 – vernünftig motorisiert, heute bei soliden Verdrängern und Segelbooten mit ausreichender Leistungsreserve üblich
- R = 3 bis 4 – schwach motorisierter Verdränger (nur noch auf Binnenrevieren und bei Regattayachten üblich)

Drehzahl (¹/min.)

Fahrverhalten von Halbgleitern

Der Halbgleiter erzeugt noch eine klare Bug- und Heckwelle, die aber lang und niedrig ist. Die Heckwelle liegt 3 bis 5 Bootslängen hinter dem Boot. Der Wasserabriß am Spiegel ist glatt und sauber, der Rumpf ist relativ schmal und läuft zum Heck flach aus. In vielen Fällen sind die letzten 10–2% des Rumpfes als Staukeil ausgebildet, der das Steigen des Rumpfes verhindert und für das Heck den dynamischen Auftrieb liefert. Typisch für den Halbgleiter: Die Kielflosse, die keinen großen Reibungsverlust bringt, aber die Kursstetigkeit des Rumpfes bei langsamer Fahrt und im Seegang verbessert. Der wesentliche Vorteil der Halbgleiter liegt in der Wirtschaftlichkeit und dem guten Durchstehverhalten bei aufkommendem Seegang. Mit dem Gleiter muß man je nach Größe und Bodenkonstruktion bei aufkommender Welle mit der Drehzahl sehr stark heruntergehen. Der gut konzipierte Halbgleiter dagegen kann seine Reisegeschwindigkeit viel länger halten und seine Fahreigenschaften bleiben bis zu ganz langsamer Fahrt gut und ausgeglichen.

Typisch für den Halbgleiter in Fahrt ist die relativ kleine Bugwelle, die bei Höchstgeschwindigkeit etwas vor mittschiffs liegt.
Die unter der Wasserlinie liegende Spantfläche im Bereich des Hauptspants ist noch relativ groß. Der Bodenverlauf im letzten Viertel konkav (zwischen Spant 1 und 2; nicht mit Bauspanten verwechseln).

Die drei Spantebenen sind in A bis D dargestellt. Sie zeigen:

A = Knickspanter mit eingezogenem Kimmstringer.
B = Normaler Knickspanter
C = Normaler Rundspanter
D = Rundspanter mit eingeformten Gleitflächen im Kimmbereich.

Den Trimmwinkel zeigen die FWL (Fahrwasserlinie) und CWL (Konstruktionswasserlinie).

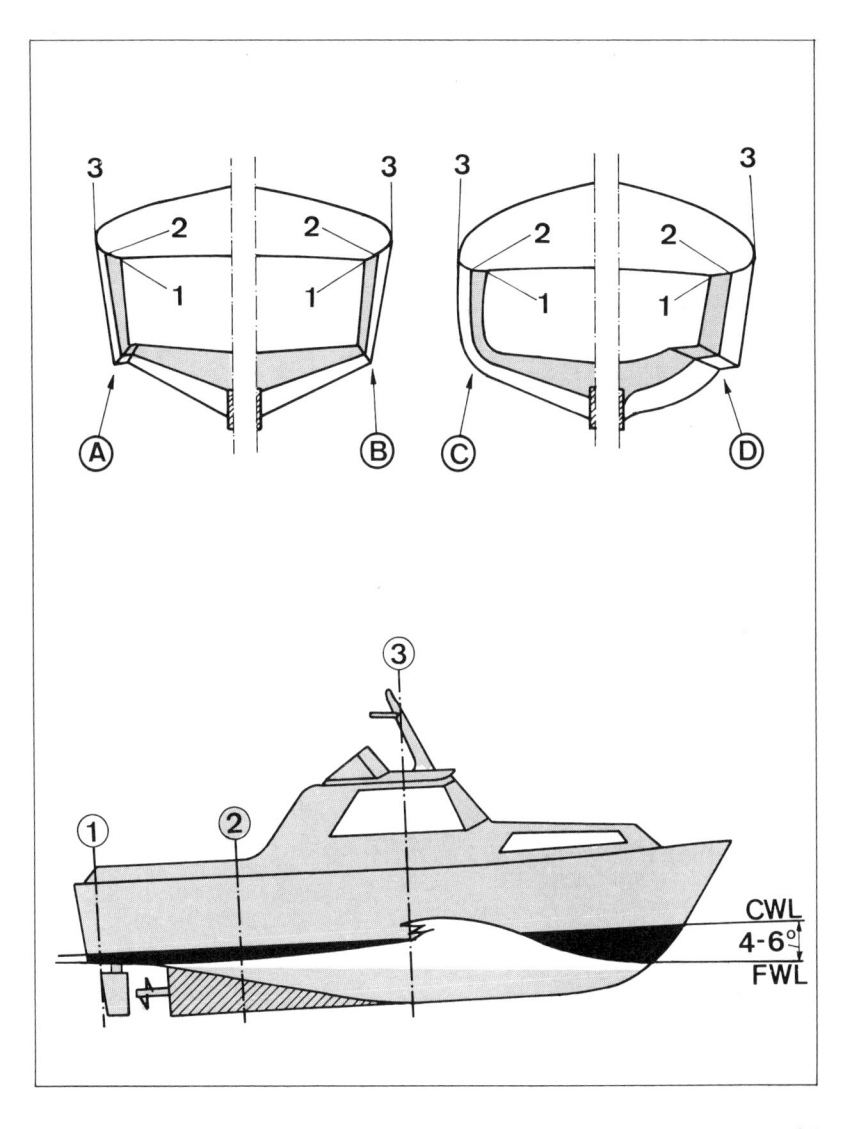

FAHRVERHALTEN VON HALBGLEITERN

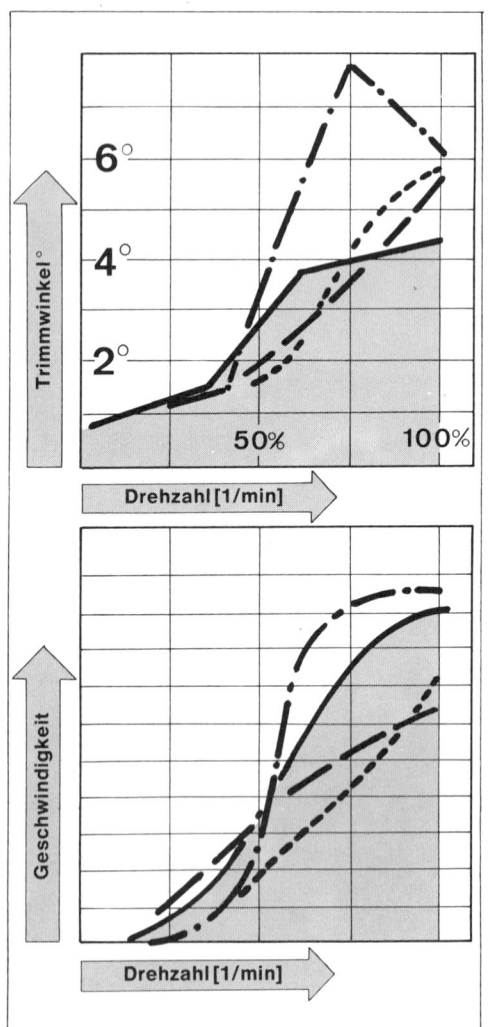

Charakteristische Werte von Halbgleitern. Es handelt sich um mittlere Daten. Ihre persönlichen Messungen können in der Größe etwas abweichen. Wichtig ist, den Kurvenverlauf zu vergleichen (wird die Kurve flacher oder steiler, hat die Kurve einen Knick usw.).

——— Optimal! Rumpf und Motor sind gut abgestimmt. Motorisierung 15 bis 25 kW/t. $V_R = 9$ bis 11. Der Winkel muß spätestens bei 70% der Nenndrehzahl flacher werden und kann bis zu 6° als normal gelten. 4° sind aber wirtschaftlicher.

– – – – $V_R = 6$ bis 8. Es handelt sich um einen schnellen Verdrängerrumpf.

– · – · – Übermotorisierter Halbgleiter. Im relativen Geschwindigkeitsbereich über $V_R = 10$. Staukeile und Drehzahldrosselung würden ihm guttun. Boot erst kaufen, wenn durch Staukeil oder Trimmklappen diese Spitze im Verlauf des Trimmwinkels abgebaut ist. Wenn es sich jedoch um einen Gleiterrumpf handelt, ist das Boot untermotorisiert.

· · · · · · Untermotorisierter Halbgleiter im relativen Geschwindigkeitsbereich $V_R = 7$ bis 9. Staukeile oder Trimmklappen in Verbindung mit sorgfältiger Propellerabstimmung könnten zu einer Erhöhung der Geschwindigkeit, Abflachung des Trimmwinkels und besserem Fahrverhalten führen. Prüfen Sie die Schwimmlage zur Konstruktionswasserlinie. Unter Umständen reicht auch eine Veränderung des Gewichtstrimms, indem Sie das Boot etwas kopflastiger machen.

Fahrverhalten von Gleitern

Als Gleiter bezeichnet man stark motorisierte Boote, die dank ihrer hohen Geschwindigkeit durch den dynamischen Auftrieb des Wassers so weit hochgehoben werden, daß sich sowohl Formwiderstand als auch die benetzte Oberfläche stark verkleinern.
Der Zustand des Gleitens tritt je nach Bodenform, Motorisierung und Bauart (relativ leicht/schwer) bei einem Geschwindigkeitsgrad über $V_R = 12$ ein.

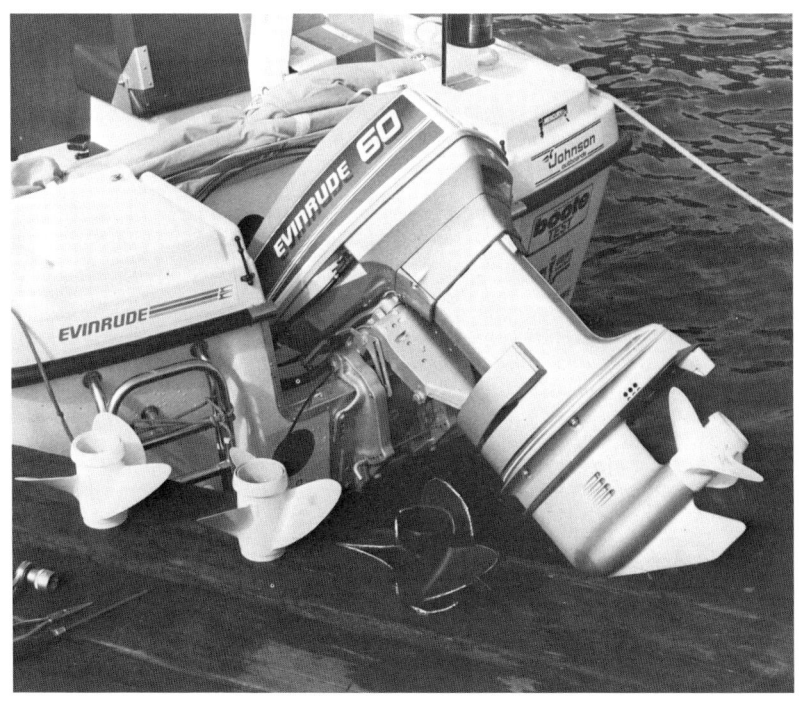

Die richtige Motorisierung und Propeller-Abstimmung sind die wichtigsten Voraussetzungen, um mit Gleitern wirtschaftlich zu fahren.

CHARAKTERISTISCHES FAHRVERHALTEN

Gerade Gleiter können bei falscher Motorisierung und falschem Trimm eine Krankheit sein. Schlechte bis gefährliche Manövrierfähigkeit und nicht zu verantwortende Unwirtschaftlichkeit sind an der Tagesordnung. Hier hilft nur: bei leisestem Verdacht nicht kaufen und, wer das Boot schon hat, die Fehler mit Hilfe dieses Buches in den Griff zu bekommen.

Die relativen Geschwindigkeiten zwischen den Punkten X bis Y liegen bei V_R 9 bis ▶ *12. Bei voller Drehzahl über V_R = 15. Motorisierungen, die zu Geschwindigkeitsgraden von V_R = 28 und mehr führen, sind für ungeübte Fahrer lebensgefährlich. Für Sportboote gilt die Empfehlung der BIA (Boating Industry Association, amerikanischer Bootsbauerverband) für höchste Motorisierung schneller Gleiter als vernünftiges Maß (siehe Motorisierung von Gleitern Seite 23).*

Die hier eingezeichneten Kurven sind mittlere Werte. Ihre eigenen Daten können in der Größe etwas abweichen. Wichtig ist, den Kurvenverlauf zu vergleichen (wird die Kurve flacher oder steiler, hat die Kurve einen Knick usw.)

Wenn Sie mit Ihrem Boot in dem grauen Feld des Trimmwinkelverlaufs bleiben, brauchen Sie über Feinheiten nicht unbedingt nachzudenken. Ihr Boot ist optimal abgestimmt.

– – – – Typischer Gleiter mit ,,normaler Motorisierung" und relativ großer Breite. Das Boot erfährt mit Trimmklappen eine extreme Steigerung der Fahreigenschaften. X kommt tiefer und dürfte sich in Richtung niedrigere Drehzahl verlagern. Fahreigenschaften bei mäßiger Fahrt verbessern sich, Y kommt tiefer und nach links, was den Gleitbereich erweitert und das Boot in diesem Bereich schneller macht. Auch Z ist zu drücken, dadurch sinkt der Formwiderstand und die Wahrscheinlichkeit ist groß, daß das Boot nicht nur die Wellen besser nimmt, sondern auch schneller, zumindest aber wirtschaftlicher (weniger Verbrauch) wird.

——— Stark motorisierter Gleiter mit vernünftigem Längen-/Breitenverhältnis. Das Boot geht schnell ins Gleiten (spezifisch leicht = wenig Kilogramm/Länge), ideal ist die Abstimmung, wenn Y unter 50% der Drehzahl liegt. Der beste Trimmwinkel bei Nenndrehzahl pendelt bei den meisten Booten um 3 bis 4 Grad. 2 Grad ist meist schon zu flach. Die benetzte Oberfläche führt zu starkem Ansteigen des Reibungswiderstandes. Eine entsprechende Änderung ist meist durch Gewichtstrimm (Gewicht nach achtern) möglich, aber dabei immer X beachten. X soll nicht über 8 Grad liegen, sonst ist der Bereich schlechter Manövrierfähigkeit im Seegang zu breit.

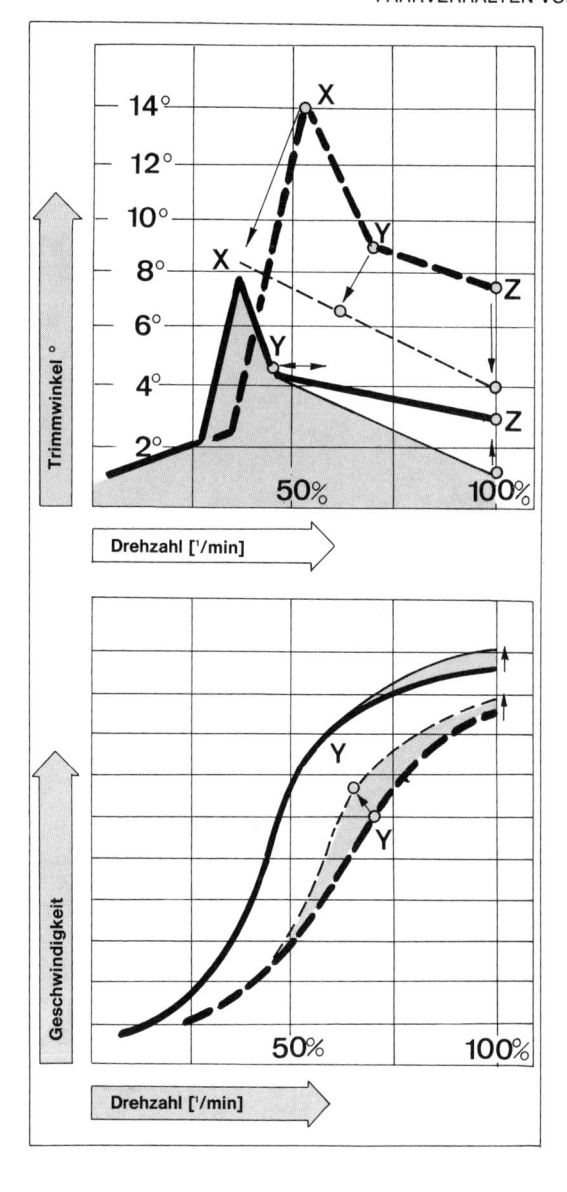

FAHRVERHALTEN VON GLEITERN

Krankheiten im Fahrverhalten von Gleitern

Es ist erwiesen, daß man unabhängig von der Geschwindigkeit durch guten Trimm bis zu 30% Treibstoff sparen kann. Ein beachtlicher Teil des verschleuderten Kraftstoffs äußert sich in der Größe der Welle, die man hinter sich herschleppt. Diese Welle kleiner zu halten, sollte Aufgabe vernünftiger Abstimmung von Gewichtstrimm und Motorisierung sein. Das heißt für das Boot: immer runter mit der Nase!
In den Diagrammen finden Sie Hinweise auf die häufigsten Gleiterkrankheiten: Untermotorisierung, zu schweres Achterschiff und sinnlose Übermotorisierung. Versuchen Sie, das Ganze nicht nur zahlenmäßig, sondern auch gefühlsmäßig zu erfassen, da man diese Krankheiten gut lokalisieren kann.
Beim bereits gekauften Boot kann man sie durch Prop.-Optimierung, u. U. Verbesserung der Motor-Betriebsbedingungen, durch veränderten Trimm oder Anbau von Trimmklappen u. U. in den Griff bekommen.

Falls Sie das Boot noch nicht besitzen, sondern sich im Stadium der Probefahrt befinden: Nicht kaufen!

Die Kurven rechts bedeuten:

——— *Häufigste Krankheit ist Untermotorisierung. Die Diagnose auf Untermotorisierung ist natürlich nur dann richtig, wenn der Rumpf stimmt und der Motor seine Leistung bringt. Das Boot erreicht gerade den Fahrzustand des guten Halbgleiters (knapp $V_R = 12$). Das Heck ist aber noch zu tief im Wasser. Da der Einbau einer neuen stärkeren Maschine als letztes Mittel in Betracht gezogen werden sollte, muß man vorher wie auf Seite 72 verfahren.*

– – – – *Übermotorisierter Gleiter. Hier läßt sich, wenn man Sicherheit und Wirtschaftlichkeit außer acht läßt, die Frage stellen: Gibt es ihn überhaupt? Die Antwort lautet eindeutig ja, und das charakteristische Zeichen ist die Abflachung der Geschwindigkeitskurve. Der Rumpf hat sein Geschwindigkeitsmaximum bei Z erreicht. Der Motor dreht zwar noch schneller, bringt aber keine Geschwindig-*

KRANKHEITEN IM FAHRVERHALTEN VON GLEITERN

keitssteigerung mehr. Im Extremfall sinkt diese sogar, da sich das Boot weiter vertrimmt und der Widerstand steigt. Auch diesem Boot würden Trimmklappen guttun, die allerdings nur greifen, wenn achterlicher getrimmt wird.

A: Durch die Senkung von Punkt X (bei normaler oder starker Motorisierung) durch Trimmklappen verbessert man die Fahreigenschaften vor allem im Seegang. Man kann die Geschwindigkeit bei besserer Kursstabilität (es bleibt mehr Länge im Wasser) und ohne übermäßiges Klatschen länger halten.

B: Bei Veränderung des Trimmwinkels im Bereich X darf man den Verlauf der Geschwindigkeitskurve nicht aus den Augen verlieren. Schleicht sich dort ein Knick ein (wie es z. B. die punktierte Linie andeutet), hat man schon des Guten zuviel getan: Die Trimmklappen oder der Staukeil führen zu keiner Optimierung, sondern zu großem Reibungswiderstand und damit Geschwindigkeitsverlust.

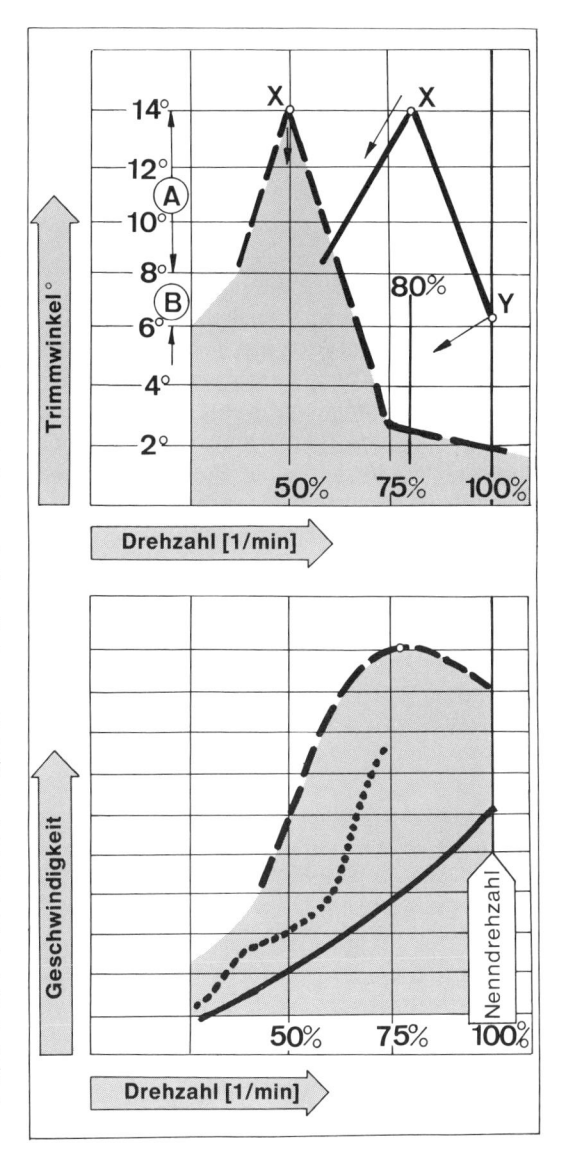

Untermotorisierung – was tun?

Es sind Grenzfälle, bei denen sich der Optimismus nachfolgender Übung bezahlt macht und dennoch nicht besonders selten. Wenn also der Gleitbeginn zu spät liegt, muß man den Versuch unternehmen, das Boot vorlich zu trimmen, große Trimmklappen anzubauen (eine Nummer größer als vom Hersteller empfohlen).
Ganz genaue Propellerabstimmung, unter Umständen Drehzahl des Motors mit größerem Propeller und gleicher Steigung etwas drücken (+ $^1/_2$ Zoll). Führt dies zu unliebsamen Geräuschen, da ohnehin der größtmögliche Propeller angebaut war, versucht man es mit etwas mehr Steigung. Schlimmstenfalls geht man zu einem Propeller-Spezialisten, mit dem man die Möglichkeit einer Propeller-Sonderanfertigung berät. Weitere Möglichkeiten sind der Motorfachmann und/oder eine Verbreiterung des Hecks. Bei Probefahrten sollten Sie darauf achten, daß Sie ein Boot kaufen, bei dem der Durchgang durch die Welle unter 50% der Drehzahl und der Gleitbeginn unter 75% der Nenndrehzahl liegen.

Mehr Meilen durch... 2

... richtige Betriebsbedingungen
... zuverlässige Kontrolle
... rechtzeitige Wartung
... sauberen Rumpf
... unbeschädigten Propeller

Motorüberwachung

Wenn man den Motor und damit das Boot optimal fahren will, muß der Betriebszustand sichtbar gemacht werden.
Als solides Minimum sollten folgende Betriebskreise des Motors überwacht werden:
1. Öldruck
2. Ladekontrolle
3. Kühlwassertemperatur
4. Drehzahl (über 10–15 kW)

Aus sicherheitstechnischer Sicht und zur Erweiterung des Komforts sind Tankanzeige, Amperemeter, Voltmeter usw. zu empfehlen.

Öldruckkontrolle

Je nach Größe des Motors wird der Öldruck über einen Druckschalter (Geber) und eine Kontrollampe, bei größeren Anlagen mit Manometer oder beidem, überwacht.
Die Öldrucklampe zeigt nur an, ob Öldruck da ist oder nicht. Während man am Manometer die Druckveränderung feststellen kann, aus der man Rückschlüsse auf Defekte im Triebwerk (beispielsweise Verschleiß, Lagerschaden usw.) ziehen kann.

ÖLDRUCK-KONTROLLE

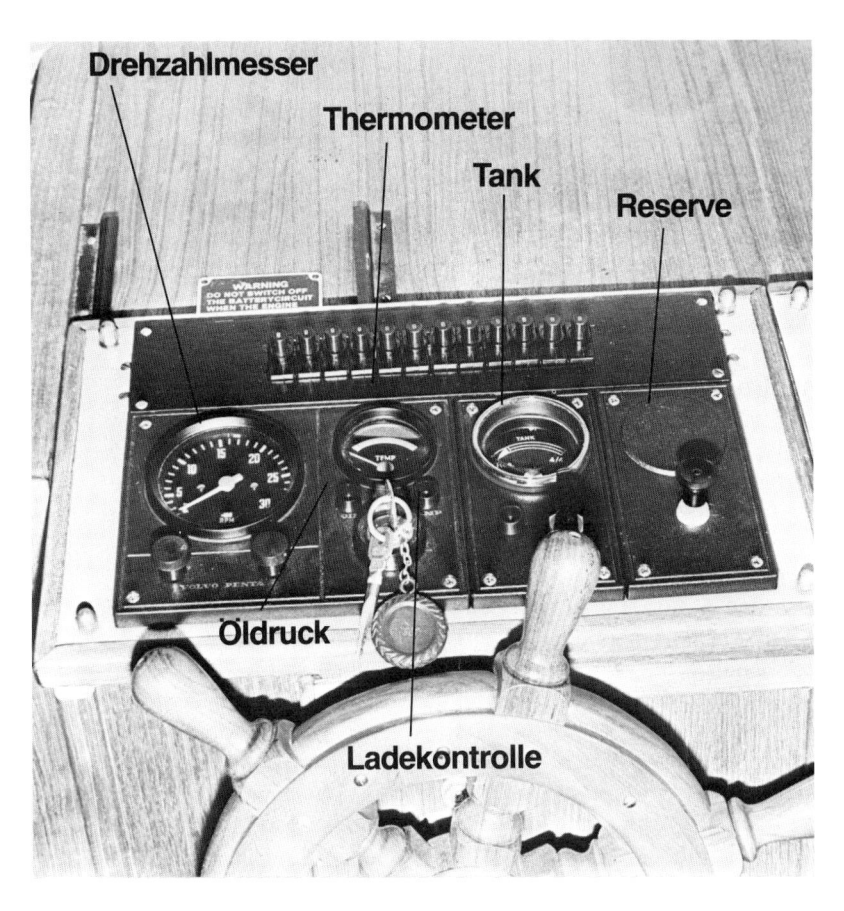

Vernünftig ausgestatteter Fahrstand eines Familien-Küstenkreuzers. Drehzahlmesser, Öldruck- und Ladelampe sowie das Thermometer sind aus Sicherheitsgründen sowie zur Überwachung des Fahr- und Betriebszustandes unbedingt erforderlich. Die Tankanzeige zählt schon zum Komfort, die Reserve-Konsole sollte man einplanen, um später erweitern zu können. Der Wunsch zur Erweiterung der Instrumente entsteht oft erst nach ein bis zwei Jahren, und dann ist man über die Reservekonsole froh.

Ladekontrolle

Die Bedeutung der Ladelampe sollte nicht unterschätzt werden. Diese zwischen dem Plus der Batterie und der Generatorklemme D+/61 liegende Lampe zeigt nämlich nicht nur, daß der Generator Strom liefert, indem sie verlischt, sie zeigt auch beispielsweise durch Flackern zu geringe Keilriemenspannung an oder durch Verlöschen während des Startens, daß die Batterie nicht gut geladen ist usw.

Kühlwassertemperatur

Um den Verschleiß des Triebwerks gering zu halten, muß ein Motor mit der vom Konstrukteur vorgegebenen Kühlmitteltemperatur laufen. Zu heiß sowohl als auch zu kalt bedeutet immer eine Schädigung des Triebwerks oder auch eine mangelhafte und somit unwirtschaftliche Verbrennung.
Um den Motor schnell warm werden zu lassen, ist ein Thermostat im Kühlkreislauf eingebaut, der das Kühlwasser so steuert, daß es erst bei Erreichen einer vorgegebenen Betriebstemperatur durch Öffnen des Thermostaten zunehmend über den Kühler läuft und immer mehr zu kühlen beginnt. Die Überwachung dieser Temperatur übernimmt das Kühlwasserthermometer. Es gibt für kleinste Anlagen zwar eine Billigversion nur mit Ein- und Ausschalter über eine Kontrollampe. Zu empfehlen ist aber auf jeden Fall das Kühlwasserthermometer, auf dem man durch Veränderung der Temperaturanzeige sehen kann, was sich im Kühlsystem des Motors abspielt. Natürlich muß man Wasser- und Lufttemperatur sowie die Drehzahl des Motors mit berücksichtigen, doch das hat man bald im Gefühl, und man sollte sofort aufmerksam werden, wenn sich die Temperatur plötzlich verändert, gleichgültig ob nach oben oder nach unten. Die Ursachen sind vielfältig. Das geht von der Plastiktüte auf den Ansaugschlitzen des Kühlwassers bis zum verschmutzten Wärmetauscher.

Mehr Sicherheit durch akustische Warner

Alle bisher aufgeführten Kontrollen sind optischer Art. Gewiß nicht schlecht, aber zu leicht geeignet, vernachlässigt zu werden.
Aus diesem Grund ist man mit Recht dazu übergegangen, den Öldruck und die Kühlwassertemperatur zusätzlich an einen akustischen Signalgeber zu klemmen. Geeigneter als das Signalhorn ist ein Summer, damit nicht bei jedem Alarm (Diebstahlsicherung ausgenommen) die ganze Umgebung aufgeschreckt wird. Beide Kontrollen lassen sich auch an Alarmanlagen aus dem Ausrüsterhandel koppeln, die für Geber dieser Art entsprechende Eingänge haben. Achten Sie beim Kauf aber darauf, daß eine Ausschaltmöglichkeit der einzelnen Geber und eine entsprechende Verzögerungsmöglichkeit für den Alarm vorhanden ist, sonst laufen Sie ständig irgendeinem Alarm nach. Auf alle Fälle ist der zusätzliche akustische Alarm eine Steigerung der Sicherheit.

Drehzahlmesser, das Schlüsselinstrument

Der Drehzahlmesser ist das eigentliche Schlüsselinstrument bei der Überwachung des Motors. Wie sein Name schon sagt, zeigt das Instrument die Drehzahl des Motors an, und aus der Drehzahl kann man in Verbindung mit der Gasstellung und der Bootsbelastung sehr wichtige Rückschlüsse ziehen. Die Schwerpunkte sind:
- Kontrolle der Motorisierung,
- Propellerabstimmung mit Motor und Boot,
- wirtschaftliches Fahren durch Einhalten bestimmter Drehzahlbereiche,
- Kontrolle der Motorleistung (bei Nenndrehzahl).
- Außerdem kann man den Drehzahlmesser unter bestimmten Voraussetzungen als Logersatz betrachten.

Ausgangspunkt ist natürlich die Tatsache, daß der Drehzahlmesser richtig anzeigt und der Motor auch so arbeitet, daß er seine Nennleistung bei Nenndrehzahl erreicht.
Richtige Propellerwahl – Es gibt keine bessere Methode, den richtigen Propeller zu finden, als mit dem Drehzahlmesser.

Die richtige Leistung – Mit Hilfe des Drehzahlmessers, des Fahrwinkels (Neigung der Längsachse) und des Wellenbildes eines Bootes lassen sich schon beim Kauf richtige Rückschlüsse auf die Abstimmung von Leistung zu Boot ziehen.

Wirtschaftlich fahren über richtigen Drehzahlmesserbereich – Auch wenn Sie keine ganz genaue Grundlage für den Brennstoffverbrauch Ihres Motors in verschiedenen Drehzahlbereichen haben, die speziell für Ihr Boot und Ihren Motor gemacht wurden, so hat doch jede Bootskategorie eine bestimmte Charakteristik des Verbrauchs, bezogen auf die Drehzahl des Motors, so daß man wirtschaftliche Bereiche über den Daumen peilen kann.

Bringt der Motor die richtige Leistung? – Alle zwei bis drei Wochen sollte man das Boot mal unter Normallast und warmer Maschine einige Minuten Vollast fahren und den Drehzahlmesser im Auge behalten. Erreicht das Boot die Nenndrehzahl, ist der Motor okay. Abweichungen können, trotz intakter Maschine, auch feuchte Witterung (–5%), Bewuchs des Rumpfes (–10%) und anderer Gewichtstrimm (trotz gleicher Gesamtlast) verursachen. Auf alle Fälle ist der Ursache eines Drehzahlabfalls nachzugehen.

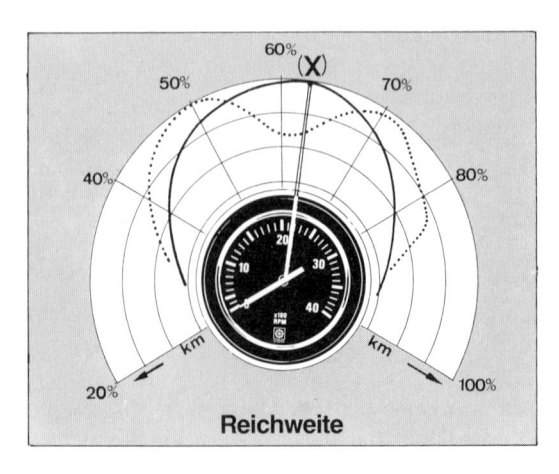

Die Grafik zeigt den Drehzahlmesser analog zu einem Polardiagramm, auf dem drehzahlabhängig die Reichweite aufgetragen wird. Das heißt, man kann für jede Drehzahl die Reichweite seines Schiffes ablesen. Das eingezeichnete Beispiel zeigt auf der schwarzen Linie bei 2200 Umdrehungen die größte Reichweite (Punkt X).
Beispiel siehe rechts.

So etwas fürs eigene Schiff genau anzufertigen, setzt die Kenntnis präzise gemessener Verbrauchswerte voraus, wie sie z. B. in den Tests der Fachzeitschriften oder mit vielen Bootstypen bei großen Bootsmotoren-Herstellern gemessen werden.

Aus dem Verbrauch l/h und der Geschwindigkeit in sm/h oder km/h errechnet man die Literstrecke (sm/l oder km/l) und kann dann über den Tankinhalt zur Reichweite weiterrechnen.

Beispiel: *Ihr Boot verbraucht bei einer Geschwindigkeit von 8 kn (sm/h) 13 l Dieselöl.*

Daraus ergibt sich durch Division der Geschwindigkeit mit dem Verbrauch

8 sm/h : 13 l/h = 0,615 sm/l
Das heißt, Sie fahren mit 1 Liter 0,615 sm oder in km gerechnet
14,82 km/h : 13 l/h = 1,14 km/h

Bezogen auf die Reichweite wird mit dem Tankinhalt als Grundlage gerechnet. Ihr Tank hat z. B. einen Inhalt von 80 l, dann fahren Sie bei der oben errechneten Literstrecke

80 l x 0,615 sm = 49,2 sm.
oder in km gerechnet
80 x 1,14 km/l = 91,2 km.

Diese Reichweite muß man für die verschiedenen Drehzahlen, für die man Verbrauchswerte hat, ausrechnen und dann auf dem strahlenförmig aufgebauten Polardiagramm abtragen. Die dicke schwarze Kurve ist idealisiert, die Wirklichkeit sieht eher wie die gestrichelte Linie aus, d. h. man kann im Zusammenhang mit dem Polardiagramm und dem Drehzahlmesser nicht nur die Wirtschaftlichkeit, sondern auch den Aspekt der Sicherheit (Reichweite) sehr genau unter Kontrolle behalten.

Liegen keine genauen Meßwerte für Ihr Boot vor, kann man sich auch mit einer Daumenpeilung behelfen, wie sie auf der nächsten Seite dargestellt ist.

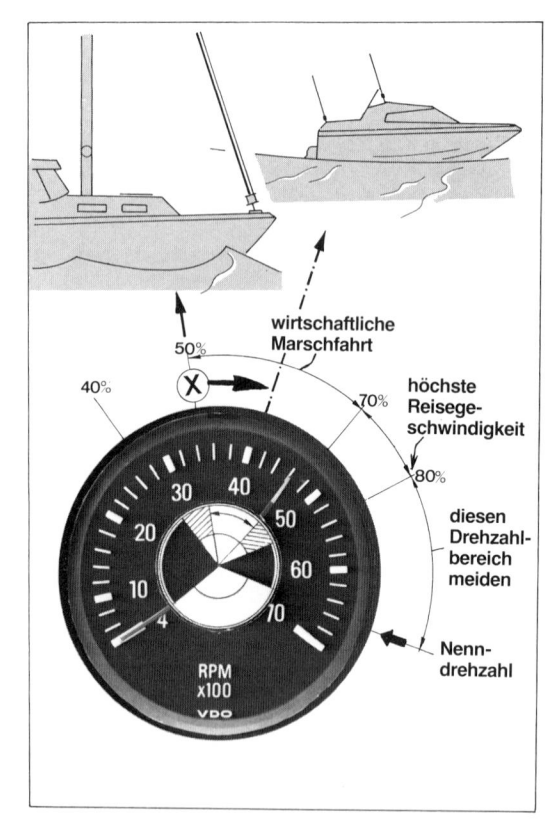

Wenn keine Verbrauchswerte zu Ihrem Schiff mit gleicher Maschine und gleichem Propeller aus Testfahrten vorliegen, und auch die Möglichkeit, den Verbrauch zu messen, nicht gegeben ist, sollten Sie sich einen kleinen Aufkleber für den Drehzahlmesser anfertigen, auf dem drei Zonen eingezeichnet sind:

- der wirtschaftliche Fahrbereich der Marschfahrt
- der Bereich bis zur höchsten Reisegeschwindigkeit
- der darüber hinaus bis zum Vollgas zu meidende Bereich hohen spezifischen Verbrauchs.

Eine Daumenpeilung besagt, daß der Kraftstoffverbrauch sich wie folgt zur Drehzahl verhält.

*50% Drehzahl ... 25% **Kraftstoff-Verbrauch***
*80% Drehzahl ... 60% **Kraftstoff-Verbrauch***
*90% Drehzahl ... 80% **Kraftstoff-Verbrauch***

Besonders unsicher ist natürlich die Aussage bei halber Nenndrehzahl, zumindest bezogen auf Gleiter, die je nach Motorisierung unterschiedlich mit dem Heck aus dem Wasser kommen. Man sollte deshalb bei Gleitern den Punkt (X) für jene Drehzahl festlegen, bei der das Heck gut aus dem Wasser heraus ist. Bei den meisten Gleitern, die vernünftig motorisiert sind, wird dieser Punkt bei etwa 60% der Drehzahl liegen.

Geschwindigkeitsmessung

Ein guter Geschwindigkeitsmesser mit Meilen- und Tageszähler ist nach dem Kompaß das wichtigste Bordinstrument, um einerseits den Fahrzustand des Bootes richtig einzuschätzen und andererseits eine gute Grundlage zur Koppelnavigation (zurückgelegte Strecke, Etmale usw.) zu haben.

Hier soll jedoch vom Fahrzustand die Rede sein, d. h. der Geschwindigkeit des Bootes in Verbindung mit dem Drehzahlmesser und die damit schätzbare Wirtschaftlichkeit und Leistungsfähigkeit des Motors.

Es gibt verschiedene Gebersysteme, die in bestimmten Geschwindigkeitsbereichen optimale Werte liefern. So sind Impeller- und Schaufelradgeber für Geschwindigkeiten bis 25 kn üblich, während darüber hinaus Staudruckmesser Verwendung finden.

Da Logs nicht immer zur Standardausrüstung eines Bootes gehören, bauen viele Eigner das Gerät und den Geber im Herbst oder Winter nachträglich ein. Worauf es ankommt, sagen die Abbildungen rechts.

Genaue Geschwindigkeitswerte

Die wichtigste Voraussetzung für eine korrekte Anzeige der Geschwindigkeitswerte ist die richtige Position des Gebers am Rumpf, damit dort eine Strömung, die möglichst frei von Verwirbelungen ist, gemessen werden kann.

• Verdränger: Im vorderen Rumpfdrittel, aber nicht zu nahe am Steven, da hier Wirbel auftreten können. Auf Verwirbelungen achten, die durch Außenhautdurchbrüche, Schlingerkiele oder ähnliches hervorgerufen werden.

Man geht ca. 15–20 cm aus Mitte Schiff, da in der Mitte die Gefahr einer Beschädigung des Gebers größer ist. Geber nicht zu hoch plazieren,

damit er beim Stampfen im Wasser bleibt. Bei Segelbooten, die häufig mit starker Krängung fahren, sollte man zwei Geber mit automatischer Umschaltung benutzen.
Wenn aus konstruktiven Gründen der Einbau des Gebers im Vorschiff nicht möglich ist, muß man auf das hintere Drittel ausweichen. Dort wird es jedoch meist durch die Propelleranlage und den Kiel schwieriger.
- Gleiter: Hier geht man in den hinteren Rumpfbereich (am besten am Anfang des hinteren Drittels), muß aber auch hier auf mögliche Verwirbelungen, insbesondere durch Stringer achten.
- Bei Trailerbooten muß das Rollensystem des Hängers berücksichtigt werden.

Als nächste Voraussetzung steht die Eichung des Logs im Vordergrund, die man auf einer Meßstrecke vornehmen muß, da jedes Boot am Boden andere Strömungsverhältnisse hat. Die Logs haben eine Justierschraube, mit der man die Differenz des angezeigten zum gemessenen Wert ausgleichen kann.

Kontrolle des Logs

Die Überprüfung der angezeigten Geschwindigkeitswerte führt man am besten auf einer Meßstrecke durch entweder zwischen den Kilometerschildern an einem Fluß- oder Kanalufer oder auf der Meßmeile an der Küste, wo manchmal regelrecht Richtbaken für eine gute Querpeilung aufgestellt sind. Die Querpeilung ist auch bei den Fahrten an Kilometerschildern sehr wichtig, deshalb sollte man möglichst nahe rangehen und wirklich versuchen, die Zeit querschiffs zu stoppen.

Will man Strom und Wind ausgleichen, so muß die Meßstrecke einmal hin und einmal zurück durchfahren werden, und der Mittelwert ergibt dann den Kontrollwert für das Log.

Damit Sie nicht lange zu rechnen brauchen, haben wir auf der rechten Seite eine Grafik für Sie angefertigt, aus der Sie für verschiedene Meßstrecken über die gemessene Zeit die Geschwindigkeit ablesen können.

Gute Logs haben eine ausführliche Beschreibung für die Justierung und Eichung der Werte. Sollte Ihr Log keine Beschreibung haben, so fahren

Sie mit 80% der Nenndrehzahl, d. h. mit höchster Reisegeschwindigkeit über die Meßstrecke und vergleichen diese Werte mit dem Log, versuchen dann die Differenz auf Null zu stellen und fahren nochmal, um zu kontrollieren, ob der tatsächliche Wert eingestellt ist. Ist der nun angezeigte Wert tatsächlich Null oder so klein, daß er tolerierbar wird, dann fahren Sie nochmal mit wirtschaftlicher Fahrt, das ist etwa 50 bis 60% der Nenndrehzahl, über die Meßstrecke und vergleichen den Logwert noch einmal mit der gemessenen Geschwindigkeit. Die Differenz müßte eigentlich Null sein. Wenn nicht, wird noch einmal justiert, der Anzeigewert auf der Meßstrecke überprüft und die Kontrolle in der höheren Geschwindigkeit noch einmal durchgeführt. Kommen Sie jetzt zu keiner richtigen Übereinstimmung, so kann das verschiedene Ursachen haben, entweder die Position Ihres Logs ist falsch gewählt, so daß es bei unterschiedlichen Geschwindigkeiten aus einer anderen Richtung angeströmt wird, oder das Logsystem an sich ist schlecht justierbar. Dann fährt man noch einmal einen Mittelwert zwischen der wirtschaftlichen Marschfahrt und der höchsten Reisegeschwindigkeit, stellt das Log auf diesen Wert ein, so daß sich nach oben und unten der Fehler halbiert. Man sollte aber dennoch im Herbst, wenn das Schiff aus dem Wasser kommt, die Geberposition vor allen Dingen auch in Längsschiff-Richtung noch einmal überprüfen, um vielleicht durch Drehung des Gebers bessere Werte zu bekommen. Als weitere Fehlerquelle kommt auch die Verlegung der Geberleitung durch starke Magnetfelder oder entlang von stromführenden Kabeln in Frage, wenn sie nicht abgeschirmt ist. Prüfen!

Fahren mit dem Log

Man kann natürlich für das Log die gleichen Punkte festlegen, wie sie beim Drehzahlmesser aufgezeigt wurden, d. h., man zeichnet sich das Reichweite-Diagramm analog zur Geschwindigkeit oder markiert sich am Log die Bereiche für wirtschaftliche Marschfahrt, höchste Reisegeschwindigkeit usw. Das ist zwar eine Hilfe, es wird aber alles ungenauer, da der Treibstoffverbrauch sich mit der Belastung des Bootes, sei es durch Bewuchs, mehr Ausrüstung, viele Gäste oder Gegenwind, bezogen

GESCHWINDIGKEITSMESSUNG

auf die Drehzahl des Motors nicht so stark verändert. Auf die Geschwindigkeit bezogen, wird aber der Fehler relativ groß. Deshalb findet man z. B. mit einer Vergleichstabelle Drehzahl zu Geschwindigkeit am Log eine sehr gute Kontrollmöglichkeit für die Leistungsfähigkeit der Maschine und jeden Widerstandsanstieg beim Boot.

Das gilt auch in Grenzen für den Trimm oder nur sehr schwer feststellbare Propellerschäden usw.

Beispiel: Sie haben eine Tabelle erstellt, die Werte wurden bei normalem Trimm mit halbvollen Tanks und zwei Personen an Bord durchgeführt. Für 80% der Nenndrehzahl (z. B. 2400 Umdrehungen pro Minute) notierten Sie 12 km Geschwindigkeit.

Irgendwann im Sommer vergleichen Sie durch Zufall diese Werte und sehen, daß das Boot zwar 2600 Umdrehungen pro Minute dreht, aber weniger als 12 kn fährt. So eine Veränderung sollte schon zum Nachdenken zwingen. Deshalb muß beim Notieren dieser Werte ganz klar definiert sein, welchen Trimm und Ausrüstungszustand das Boot hatte. Bei einem mittleren Familienkreuzer von 8,5 m Länge und einer Motorisierung um 40 kW bringt eine Person weniger (bei gleicher Geschwindigkeit) ungefähr 200 Umdrehungen mehr auf den Motor. Das heißt, das Log liefert in erster Linie nautische Informationen, und die Wirtschaftlichkeit des Fahrens, speziell des Treibstoffverbrauchs, wird über den Drehzahlmesser kontrolliert. Und nur die Gegenüberstellung der beiden Werte bzw. ihr Vergleich ermöglicht die genannten Rückschlüsse.

Wenn sich mal ein Geschwindigkeitsabfall überhaupt nicht orten läßt, sollten Sie bei Z-Antrieben und Außenbordern überprüfen, ob die Rutschkupplung am Propeller noch in Ordnung ist. Durch einen Schlag auf den Propeller kann die Rutschkupplung überdreht sein, und dann schaukelt sich als schleichende Krankheit das Durchrutschen des Propellers an der Kupplung hoch. Überprüfen kann man das, wenn man mit einem spitzen Gegenstand Gummi und Metall an der Nabe durch einen Strich kennzeichnet, dann mal kräftig beschleunigt und überprüft, ob sich die Striche am Gummi und der Nabe voneinander entfernt haben. Falls die Propeller-Konstruktion diese Kennzeichnung nicht zuläßt, kann man auch Nabe und Mutter markieren.

Richtige Betriebsbedingungen für den Motor

Die richtigen Betriebsbedingungen lassen sich nur durch rechtzeitige Wartung aufrechterhalten. Wenn man also die vom Motorenhersteller für den Yachtbetrieb genannten Wartungsintervalle durchführt, läuft der Motor mit richtigen Betriebsbedingungen, natürlich vorausgesetzt, daß er richtig eingebaut ist.

Luft zur Verbrennung

Für die Abgabe der optimalen Leistung kommt es darauf an, daß der Motor ungehindert, d. h. durch einen sauberen Luftfilter Luft ansaugen kann, um für die Verbrennung des Kraftstoffs genug Sauerstoff zu haben. Das ist für den Diesel noch wichtiger als für den Vergasermotor. Bei Mercedes hält man es für so wichtig, daß man hinter den Luftfilter ein Unterdruckanzeigegerät einbaut, das den Verstopfungsgrad des Luftfilters signalisiert. Verstopfte Luftfilter sind eine schleichende Krankheit, die, ohne daß man es merkt, 10% Leistung kosten kann. Diesen Leistungsverlust kann man nur abwenden, wenn man den Luftfilter regelmäßig säubert. Man sollte sogar, wenn man tagelang an staubenden Küsten entlang oder in Kanälen fährt, wo es sehr staubt, den Luftfilter mal zwischendurch reinigen.
Wichtig: Nur im Notfall ohne Luftfilter fahren! Der Luftfilter verhindert, daß Staub in die Zylinder kommt und dort wie Schmirgel den Verschleiß erhöht.
Sie sparen am meisten, wenn Sie sich genau an die Betriebsanleitung Ihres Motors halten.
Etwa alle 5 Jahre sollten Sie beim Hersteller eine neue Betriebsanleitung anfordern, da sich durch Verbesserung der Betriebs-, Schmier- und Korrosionsschutzmittel die Wartungsintervalle oft sehr stark verändern.

Kraftstoffsystem

Auch die Kraftstoffzufuhr zum Motor funktioniert nur richtig, wenn der Weg vom Tank bis zur Pumpe nicht durch zuviel Widerstand eingeengt wird, z. B. durch verstopfte Filter oder eine abgeknickte Tankentlüftung. Solche Widerstandsvergrößerungen haben ihre Ursache fast immer in Wartungsfehlern und führen nicht gleich zum Stillstand der Maschine. Zuerst – und das kann lange dauern – wird die Verbrennung unsauber, der Motor bringt für seine Drehzahl nicht die richtige Leistung. Am Anfang – und auch das kann lange dauern – sind es eben 5–10% weniger Leistung, die man gefühlsmäßig durch „mehr Gashebel" auszugleichen versucht.
Die etwas schlechtere Verbrennung merkt man nicht, verliert aber dennoch 10 bis 20% Kraftstoff. Erst wenn der Motor zu stottern anfängt, qualmt oder der Leistungsabfall stark ansteigt, wird man aufmerksam. Aber schon das unbemerkte Dahinsiechen des Motors hat neben dem sinnlos vergeudeten Sprit auch weitere negative Auswirkungen, die sich auf die Lebensdauer auswirken, z. B. durch starke Verbrennungsrückstände, die die Beweglichkeit der Kolbenringe einengen, was zu höherem Verschleiß und mehr Ölverbrauch führt usw.
Das bedeutet, also auch im Kraftstoffbereich die Intervalle für Feinfilter und Vorfilter genau einhalten. Der Wasserabscheider wird öfter kontrolliert, am besten immer beim Peilen des Ölstandes und nach dem Tanken einen Blick drauf werfen. Es kommt vor, daß über den Tankschlauch mal etwas mehr Wasser mitkommt (natürlich kaum in unseren Breiten).

Auspuff als Spiegel der Verbrennung

Die meisten Auspuffsysteme sind wartungsfrei. Dennoch sollte man öfter einen Blick auf das ganze System werfen (Scheuerstellen, Leckagen usw.).
Besonders wichtig ist aber der Blick zum Auspuff selbst. Der Dieselmotor muß seinen Kraftstoff unsichtbar verbrennen. Tut er das nicht, ist etwas

nicht in Ordnung. Das bedeutet gleichzeitig schlechte Verbrennung und sinnlos verbrannter Kraftstoff ohne Leistung.

Schwarzer Qualm: Das ist immer ein Zeichen, daß der Motor zuviel Kraftstoff hat, ihn aber mangels Luft nicht verbrennen kann. Vorausgesetzt, der Propeller ist richtig abgestimmt und wurde nicht durch einen größeren getauscht.
Bewuchs des Rumpfes könnte eine weitere Ursache sein. Im allgemeinen wird es aber am verstopften Luftfilter liegen, den man je nach Fabrikat reinigt oder wechselt.

Qualmt der Motor weiter, sollte man mit mittlerer Drehzahl nach Hause fahren und einen Fachmann die Einspritzanlage überprüfen lassen.

Blauer Qualm: Das ist immer ein Zeichen für Schmieröl im Brennstoff. Zuerst sollte man den Ölstand prüfen. Wenn er zu hoch ist, haben Sie die Ursache für den blauen Qualm. Es wird etwas Öl abgepumpt, mäßig nach Hause gefahren und die Ursache für das viele Öl (Wasser, Treibstoff im Öl usw.) gesucht.
Ist der Ölstand normal bzw. zu niedrig, können Sie auch nach Hause fahren, der Qualm hat dann aber ernstere Ursachen (undichte Ventilführungen, festgebrannte Ringe usw.). Fachmann fragen!

Kühlwasser zum Abtransport der Wärme

Das Kühlwasser transportiert einen großen Teil der Energie aus der Verbrennung des Kraftstoffs (25–30%) in Form von Wärme nach außenbords. Das ist ein Verlust, den man leider in Kauf nehmen muß, sonst würde der Motor verglühen. Wer jedoch glaubt, daß der Motor beliebig viel Kühlwasser vertragen kann, ist auf dem Holzweg. Denn unterkühlen darf man den Motor ebenfalls nicht, denn dann steigt der Verschleiß sprunghaft an. Die richtige Betriebstemperatur ist also wichtig. Sie liegt bei seewassergekühlten Motoren unter 50°C, da bei höheren Salzwassertemperaturen das Salz auskristallisiert, und bei frischwassergekühlten Motoren über 80°, bei modernen Maschinen geht man sogar über 100°. Daß das

Kühlwasser dann nicht verdampft, liegt daran, daß der Frischwasserkreislauf unter Druck steht.
Das Kühlsystem ist thermostatisch geregelt, so daß der Motor schnell warm wird, da das Kühlwasser zuerst durch einen Bypass und nicht durch den Motor läuft. Öffnet der Thermostat, wird das Kühlwasser durch den Motor gepumpt und kühlt.
Die Kühlwasserpumpe läuft mit der Drehzahl des Motors mit und fördert jeweils die richtige Wassermenge. Bei größeren Schiffsmaschinen wird sogar die Kühlwassertemperatur sehr genau überwacht und durch Einstellen der Kühlwassermenge geregelt.
Wartung: Sofern die Pumpe über Keilriemen angetrieben ist, muß der Keilriemen die richtige Spannung haben. Der Seewasserfilter darf nicht verschmutzt sein und der Gummiimpeller der Kühlwasserpumpe muß im Winter heraus und sollte eigentlich alle 2 Jahre, auch wenn er äußerlich keinen Schaden zeigt, erneuert werden.

Schmieröl für das lange Leben

Der Schmierölkreislauf ist das System des Motors, das den Verschleiß bremst. Ohne Schmieröl ist ein Motor in kürzester Zeit ein Wrack.
Mit altem Schmieröl, das über das normale Wechselintervall hinaus gefahren wird, verkürzt sich die Lebensdauer bis zur ersten Grundüberholung um einiges. Und wenn der Ölfilter nicht rechtzeitig gewechselt wird, steigt der Verschleiß so schnell an, daß sich die Lebensdauer der Maschine auf 30% reduziert. Der Grund ist, daß das in den Ölfilter eingebaute Überdruckventil bei Verstopfung des Einsatzes öffnet und das Öl ungereinigt in den Motor laufen läßt. Die abgeriebenen Metallspäne werden durch sämtliche Lager und über sämtliche Schmierstellen gepreßt, wo sie wie Sandkörner die Flächen schleifen.
Der Ölfilter verhindert das, solange er dem Wartungsintervall entsprechend erneuert oder gereinigt wird.

Werterhaltung

Neben der Wartung und Pflege von Boot, Technik und Motor zur Erhaltung der Betriebssicherheit gibt es noch den Aspekt der Werterhaltung. Es kann einem Eigner nicht gleichgültig sein, ob sein Boot nach 4 oder 8 Jahren 50% des Neuwertes erreicht, ob der Gelcoat nach 5, 10 oder 15 Jahren so rissig, fleckig und beschädigt ist, daß Rumpf, Deck, Aufbau und Cockpit gespritzt werden müssen.

Es würde allerdings den Rahmen dieses Buches sprengen, wollte man hier in allen Einzelheiten alle Systeme einer Yacht, die Ausrüstung und das Zubehör durchgehen und besprechen, wie man was pflegt und konserviert, um die Lebensdauer zu erhöhen.

Hier wird nur auf das Hauptproblem im Yachtsport eingegangen und das sind die Betriebspausen. Im normalen Betrieb gibt es den üblichen Verschleiß. In einer Betriebspause nagt der Zahn der Zeit in Verbindung mit Salzresten, Feuchtigkeit und Sauerstoff.

Zwar ist das ganze Boot betroffen und die gesamte Technik, im Triebwerk des Motors aber ist es am schlimmsten. Dort lagern an den empfindlichen Laufflächen schwefelige Verbrennungsrückstände, die sich mit Kondenswasser zu Schwefelsäure vereinigen und zu Korrosion führen. Bevor dies geschieht, muß aber der vom Schmieröl hinterlassene Ölfilm durchdrungen werden. Das dauert nach Schätzungen der Motoren- und Ölfirmen 2 bis 3 Wochen. Es gibt heute Motorenöle mit größerem Korrosionsschutzanteil und Zusätze für den Brennstoff, die Schäden während der üblichen Betriebspausen verhindern.

Richtig konservieren, und zwar genau nach Herstellerangaben muß man den Motor im Winterhalbjahr. In dieser Zeit würde er sonst am meisten Schaden leiden.

Schneller ohne Bewuchs

Die Hersteller von Antifoulings haben Messungen gemacht, die beweisen, wie wichtig ein sauberes Unterwasserschiff ist. Es leuchtet auch ein, wenn man sich den Reibungswiderstand von Wasser an einer rauhen und einer glatten Fläche vorstellt.
Wer das Unterwasserschiff seines Bootes schon einmal mit falschem, schlechtem oder überhaupt keinem Antifouling gestrichen hat, weiß, wie schnell der Rumpf mit Algen, Schnecken und Würmern bewachsen ist, die eine 5–10 mm rauhe Schicht bilden und wie eine Bremse wirken. Die bereits erwähnten Messungen ergaben einen Geschwindigkeitsverlust von 5 bis 10%. Auf den Kraftstoff umgerechnet bedeutet das:
Ein nicht bewachsenes, mit gutem Antifouling gestrichenes Unterwasserschiff spart in weiten Geschwindigkeitsbereichen 20% Kraftstoff bzw. macht das Boot um etwa 10% schneller.
Wissen sollte man, daß es für schnelle Motorboote andere Antifoulings gibt als für Verdränger und daß für Tropen andere Antifoulings in Frage kommen als in unseren Breiten.

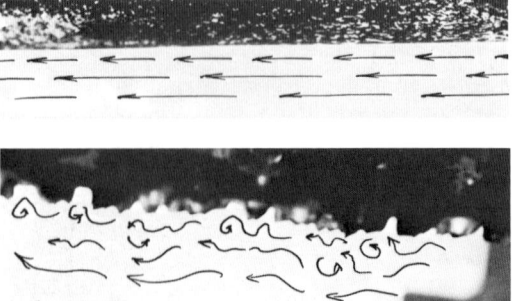

oben: glatter Rumpf
unten: bewachsener Rumpf
Es ist leicht vorstellbar, daß die im Foto gezeigte Fläche (unten) mit starkem Bewuchs am Rumpf eines Bootes wie eine Bremse wirkt.

Propellerschäden

Der Propeller reagiert auf Verunreinigungen und Beschädigungen noch sehr viel stärker als der Rumpf. Der Wirkungsgrad des Propellers hängt wesentlich von der glatten Oberfläche und der Dicke der Flügel ab.

Bewuchs am Propeller – Der Wirkungsgrad fällt sehr stark, wenn der Propeller bewachsen ist. Bisher mußte man den Propeller und den Schaft

Bei Außenbordern und Z-Antrieben, wo man leicht an den Propeller herankommt, sollte man kleine Schäden und vor allen Dingen scharfe Grate an den Kanten öfter mal mit der Feile glätten, da sie zu starken Reibungsverlusten des Propellers führen, was viel Kraftstoff kostet.

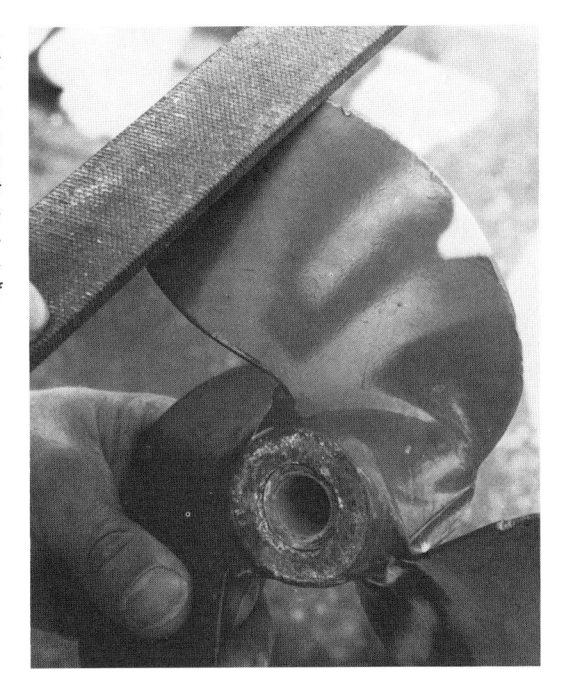

oder die Welle mit dem farbigen Antifouling streichen, das man für das Unterwasserschiff verwendete. Das hat niemandem so recht gefallen. Jetzt haben die Farbhersteller spezielle farblose Antifoulings für Propeller, Motorschäfte und Wellenanlagen entwickelt.

Kleine Propellerschäden – große Folgen – Ein weiterer Faktor, der den Propeller-Wirkungsgrad wesentlich verschlechtert, sind kleine Kinken an den Flügelkanten, deren Größe nicht durch einen ungleichmäßigen Lauf fühlbar ist. Ausgefranste Flügelkanten und korrodierte, kavitierte oder elektrogalvanisch zerstörte Oberflächen führen zu Wirkungsgradverlusten um 2 und mehr Prozent. 2% weniger am Propeller, d. h. 6% Kraftstoff, die man umsonst verheizt.
Kleine Kinken an den Propellerkanten kann man im Herbst glattfeilen, wenn sie klein genug sind, um den Propeller nicht unwuchtig zu machen. Kinken, die größer als eine Erbse sind, sollte man in der Werkstatt durch Schweißen reparieren lassen. Hat der Propeller angefressene, rauhe Stellen, dann handelt es sich wahrscheinlich um einen elektro-galvanischen Angriff, der durch das Fehlen einer Opferanode oder des Zinkrings vor dem Propeller zustande kommt. In seltenen Fällen kann auch Kavitation auftreten, dann zeigen sich die Anfressungen auf der Hinterseite der Flügel (rillenartig) entweder im oberen oder unteren Viertel des Flügels. Allerdings ist das meist nur bei sehr schnellen Motorbooten der Fall, und man sollte dann einen Propeller mit gleichem Durchmesser, gleicher Steigung, aber etwas größerem Flächenverhältnis wählen, es sei denn, dem Fachhändler fällt eine bessere Lösung ein, weil die Krankheit vielleicht schon bei dem gleichen Bootstyp öfter aufgetreten ist.

Größere Propellerschäden – Ganz schlimm wirken sich Kollisionen des Propellers mit größeren Gegenständen aus, bei denen ein Flügel verbogen wird oder die Welle einen Schlag bekommt. Das muß natürlich nicht so schlimm sein, daß sich der Schaden durch ein unruhiges Laufen der Welle oder Geräusche bemerkbar macht. Der Wirkungsgrad kann aber sehr weit zurückgehen, und durch die einseitig auftretenden Kräfte ist die Lebensdauer des Wellenlagers enorm verkürzt. Wenn Sie also den Schlag eines festen Gegenstandes auf den Propeller hören, sollten Sie bei nächstbester Gelegenheit, und sei es durch Tauchen, überprüfen, wieweit der Propeller etwas abbekommen hat.

Hinweis: Ein Propellerflügel kann sich durch einen Schlag auch so verbiegen, daß man es kaum sieht (auch nicht spürt) und nur sein Steigungswinkel verändert ist. Deshalb sollte man im Zweifelsfall den Propeller im Herbst zu einer Fachwerkstatt zur Überprüfung geben.

Dieser Propeller hat bereits einen Kinken an der oberen Kante des Flügels, die zu einer Unwucht führen können. Das fehlende Material sollte spätestens im Herbst oder mal zwischendurch aufgeschweißt werden (Werkstatt). Der Kinken auf der rechten Seite hat etwa die Größe, die man noch mit der Feile angleichen kann. Die verbogene Nabe (unterer Pfeil) muß sehr gründlich ausgerichtet werden. Hier entstehen nicht nur Strömungsverluste des Wassers, hier wird auch der Abgasdruck verändert, was besonders bei Zweitaktern eine enorme Leistungseinbuße verursacht.

Angelschnüre und Folien im Propeller – Neben der Tatsache, daß Angelschnüre, die vom Propeller um die Welle gewickelt werden, auch ins Wellenlager oder die Dichtung am Schaft von Außenbordern und Z-Antrieben laufen und diese zerstören, was sich, wenn man Glück hat, durch Veränderung des Motorgeräusches bemerkbar macht, kann sich eine Angelschnur auch Xmal um die Nabe des Propellers legen und den Wirkungsgrad wesentlich herabsetzen.

So etwas kann einem auch mit einem Stück Plastik oder Folie passieren, wenn es auf einen oder zwei Propellerflügel aufgespießt wird. Bemerkbar macht sich das dem aufmerksamen Skipper durch Drehzahlabfall, Qualm am Auspuff oder Geräusch. Bei der Gelegenheit sei noch einmal darauf hingewiesen, daß bei Dieselmotoren Rauch am Auspuff immer ein Zeichen für zu hohe Beanspruchung ist und man unbedingt die Ursache finden muß.

Die Beseitigung solcher Propelleranhängsel wie Folie und Angelschnuren ist bei Z-Antrieben und Außenbordern denkbar einfach. Bei konventionellen Wellenanlagen muß man tauchen, das Boot trocken fallen lassen oder, was oft möglich ist, es so weit vertrimmen (mit 5 oder 10 Leuten auf dem Vorschiff), daß man sehen kann, was am Propeller los ist.

Mehr Meilen durch... 3

... richtiges Trimmen
... wirtschaftliches Fahren

Der optimale Trimm Ihrer Yacht

Trimm in Ruhelage

Prinzipiell gilt für jede Art von Boot, daß es in Ruhelage auf seiner vom Konstrukteur vorgesehenen Wasserlinie schwimmen sollte, wenn es:
1. das richtige, vorher bestimmte Gewicht hat und dieses
2. so verteilt ist, daß die vorher berechnete Wasserlinie auch horizontal auf dem Wasser liegt, also das Boot weder

- überladen noch
- hecklastig oder
- buglastig ist.

Das ist deshalb so wichtig, weil das Schiff unter der Wasserlinie einen auf die geplante Geschwindigkeitsstufe optimal geformten Rumpf hat, auf den und dessen Form der Motor sowie das Verhalten im Seegang und vieles mehr abgestimmt sind.

Durch jeden Zentimeter, den der Rumpf tiefer eintaucht, wird die zu erwartende Leistung schlechter. Noch schlimmer wird das, wenn das Boot bug- oder hecklastig ist; dann muß das Wasser an Formen entlang laufen, die für die Strömung nicht optimal sind und deshalb zu einer Leistungsverschlechterung führen.

In Querschiffsrichtung muß das bei Segelbooten z. B. durch die Querkräfte im Rigg in Kauf genommen werden. Es wird z. T. sogar positiv ausgenutzt. In Ruhelage muß aber auch das Segelboot, der Motorsegler und jede Art von Schiff auf der Wasserlinie schwimmen.

Aus diesen Gründen sollte man auch immer mal, wenn sich die Gelegenheit bietet, z. B. vom Nachbarsteg oder vor Anker vom Dingi aus, diese Lage beim eigenen Schiff prüfen.

Das ist natürlich keine endgültige Garantie für die Qualität eines Bootes, es ist aber einer der vielen Punkte, an die man sich halten sollte.

TRIMM IN RUHELAGE

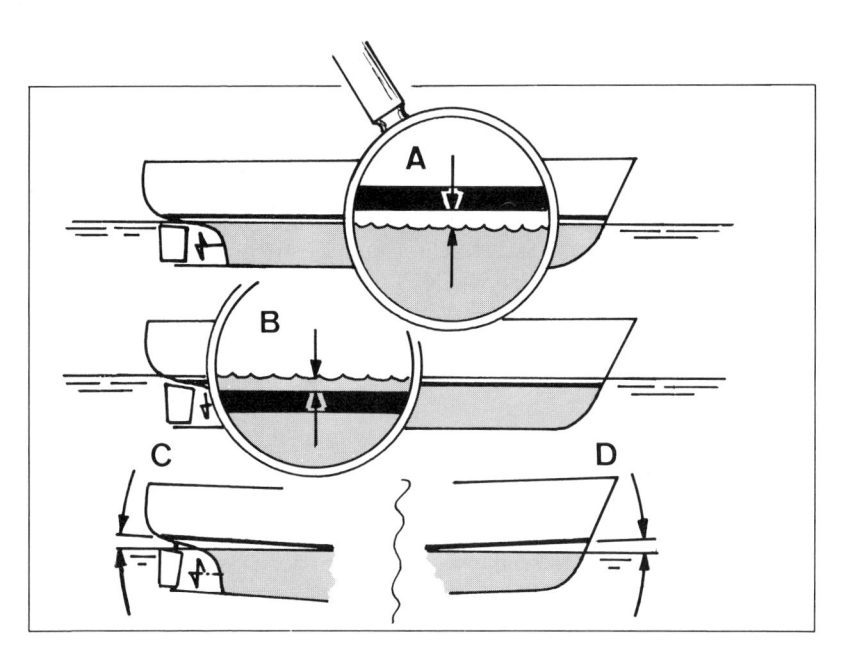

Bevor man am Propeller oder am Rumpf herumdoktert, sollte man den Gewichtstrimm in ,,belasteter Ruhelage" untersuchen. Der Längstrimm wirkt sich wesentlich auf die Fahreigenschaft aus, den man bei richtig konstruierter Wasserlinie und richtig getrimmtem Boot in Ruhelage abschätzen kann.

Grundsatz: In Ruhelage soll jedes Boot horizontal auf dem Wasser liegen. In diesem Zustand muß die Unterseite des Wasserpasses oder Zierstreifens deutlich über dem Wasserspiegel liegen. Wenn der Wasserpaß tiefer liegt (B) oder sogar untertaucht, ist das Boot überladen. Es muß Gewicht heraus (bei 8 bis 9 m Länge ist 1 cm ca. 150 kg).

Kopflastigkeit (C) ist schlecht (etwa 1° kann bei starkem Motor allerdings nicht schaden).

Hecklastigkeit (D) ist in jedem Fall schlecht. Bevor man Tanks umbaut, sollte man es mit Umstauen von Ausrüstung versuchen (Ankerkette, Werkzeug, Bierdosen usw.).

Querschiffs muß das Boot ebenfalls horizontal liegen. Auch später in Fahrt ist der Horizontal-Trimm wichtig, da sonst das asymmetrisch eingetauchte Unterwasserschiff nur mit Ruderlage auf Kurs bleibt, was Verlust bedeutet.

Trimm in Fahrt

Je nach Geschwindigkeitsgrad Ihres Bootes gibt es verschiedene Möglichkeiten, für vernünftiges Fahren ohne viel Verluste den entscheidenden Längstrimm zu optimieren. Die einfachste Methode ist hier beschrieben. Man fährt über eine Meßstrecke, deren Länge nicht bekannt ist, und versucht nur durch Verkürzung der Fahrzeit die Geschwindigkeit oder den Fahrzustand zu optimieren. Wenn man sehr empfindliche Geräte hat, gelingt einem das u. U. auch ohne Meßstrecke im Zusammenspiel mit Drehzahlmesser und Log. Dazu sollten Sie sich aber dann den Abschnitt „Geschwindigkeits-Messung" noch einmal durchlesen.
Das Boot sollte normal beladen sein (halbvolle Tanks) und Normalbesatzung haben. Suchen Sie sich ruhiges Wasser, stellen Sie den Gashebel auf 80 bis 90% der Nenndrehzahl ein und schicken Sie dann einen Mann (z. B. Ihre Frau) nach vorne und dann nach hinten, und zwar ohne den Gashebel zu verstellen. Beobachten Sie dabei den Drehzahlmesser und/oder das Log. Jeder Anstieg der Drehzahl bei Veränderung des Trimms ist ein Zeichen für zunehmende Geschwindigkeit bzw. weniger Widerstand, jede Abnahme der Drehzahl für zunehmenden Widerstand bzw. fallende Geschwindigkeit. Das läßt sich natürlich analog auch auf dem Log ablesen. Präziser geht es aber noch mit Hilfe der Stoppuhr, da u. U. der Drehzahlmesser und das Log solche Feinheiten nicht auffällig genug widerspiegeln. Wie man das macht, zeigt die Grafik rechts. Bei dieser Gelegenheit kann man auch gleich den richtigen Urlaubstrimm feststellen. Für Trailerboote und Boote mit hochklappbarem Z-Antrieb kann man

Geschwindigkeitsänderung durch Vertrimmung ist am Drehzahlmesser nicht immer zu sehen. Besser ist die Messung mit einer Uhr unter Beobachtung der Drehzahl. Dazu braucht man keine ausgemessene Strecke, sondern nur eine Strecke, auf der man immer wieder hin und her fährt, um bei geändertem Trimm die Zeitänderung zu stoppen. Auf diese Weise kann man sich an den optimalen Trimm herantasten.

① Normaltrimm. Alle Personen halten sich am Fahrstand auf, gemessen wird die Zeit X.

TRIMM IN FAHRT

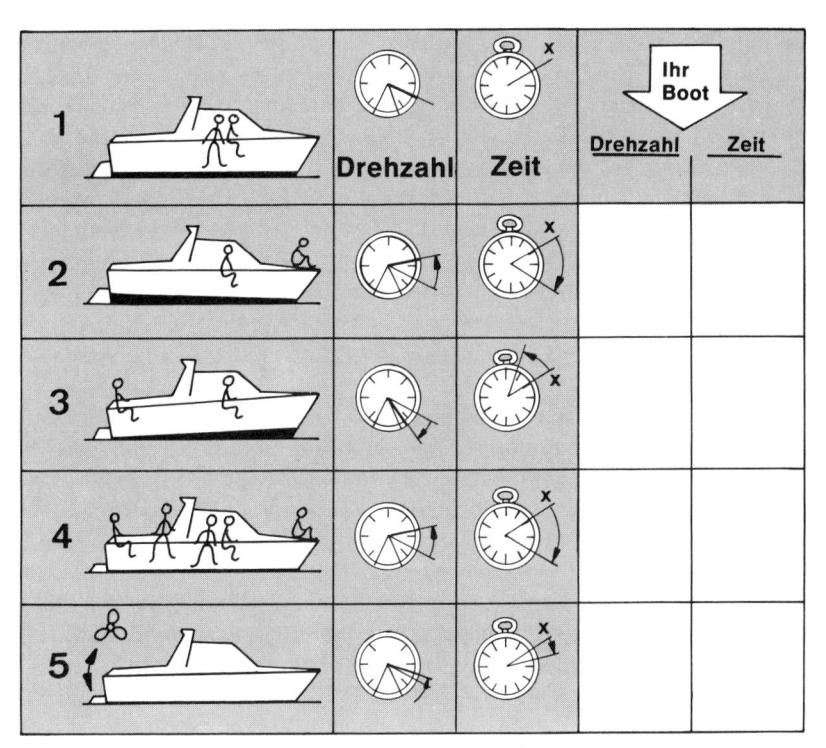

		Drehzahl	Zeit	Ihr Boot	
				Drehzahl	Zeit
1					
2					
3					
4					
5					

② *Ein Mann geht nach vorne. Es ergibt sich eine Änderung, in unserem Beispiel negativ = Fahrtminderung, also versucht man es mit achterlichem Trimm.*

③ *Ein Mann steht achtern. Die Reaktion ist positiv. Das bedeutet, alle schweren Ausrüstungsgegenstände nach hinten. Wenn in dieser Hinsicht nichts mehr zu machen ist, siehe nächste Seite.*

② + ③ *Kann je nach Geschwindigkeitsstufe und Rumpfform auch umgekehrt verlaufen.*

④ *Belastung mit zusätzlichen 3 Mann (ungefähr 210 kg) statt des Urlaubsgepäcks. Hier sehen Sie, wie langsam Sie im Urlaub sind. Versuchen Sie es mit einem Propeller, der $^1/_2$ Zoll bis 1 Zoll weniger Steigung hat.*

⑤ *Der Propellerwechsel müßte bei gleicher Belastung zu höherer Geschwindigkeit führen. Diesen Urlaubspropeller fahren Sie das übrige Jahr (wenn das Boot leichter ist) als Reservepropeller.*

gerade dieses Problem sehr optimal lösen, da der Reservepropeller ½ Zoll weniger Steigung bekommt, so daß er dann optimal für das Urlaubsschiff geeignet ist. Bei unbefriedigendem Abschneiden dieser Tests sollte man natürlich nicht gleich an Gegenmaßnahmen denken und etwa Staukeile oder Trimmklappen montieren. Da gilt es zumindest zu überprüfen, ob vielleicht durch Verlagern von schwerem Zubehör, Anker, Reservekanister, Bierkisten usw. die Geschwindigkeit etwas gesteigert werden kann. Es muß geprüft werden, ob der Propeller richtig ist, der Trimmwinkel des Antriebs korrekt eingestellt war usw. Erst wenn alle diese Punkte nichts Positives bringen und offensichtlich scheint, daß das Boot unwirtschaftlich fährt, muß an aufwendige Veränderungen gedacht werden.

Auch wenn Sie auf diese Weise keine positiven Ergebnisse in Form von mehr Geschwindigkeit oder weniger Drehzahl ohne Geschwindigkeitsverlust erzielen, so haben Sie doch Ihr Boot kennengelernt, was Ihnen im Laufe Ihres Bootslebens noch oft angenehm auffallen wird. Außerdem können Sie in dem Bewußtsein fahren, daß das Boot optimal getrimmt ist, da kein Befund ja auch ein Befund ist, der beste.

Will man das alles etwas genauer machen, weil der Verdacht auf Unstimmigkeiten aufkommt, so muß etwas Zubehör eingesetzt werden, wie es auf den folgenden Seiten gezeigt wird.

Trimmwinkel des Bootes

Trimmwinkel oder Anstellwinkel nennt man den Winkel, den die Längsachse des Bootes zur Wasserlinie (zur Horizontalen) einnimmt. In Ruhelage liegt auch die Längsachse des Bootes horizontal. Je nach Fahrzustand verändert sich der Trimmwinkel und aus der Größe seines Wertes kann man sehr gute Rückschlüsse auf den Fahrzustand des Bootes ziehen. Im allgemeinen gilt:

Verdränger = über 4° unwirtschaftlich
Halbgleiter = über 6° unwirtschaftlich
Gleiter = je nach Geschwindigkeit 2 bis 5° optimal

TRIMMWINKEL DES BOOTES

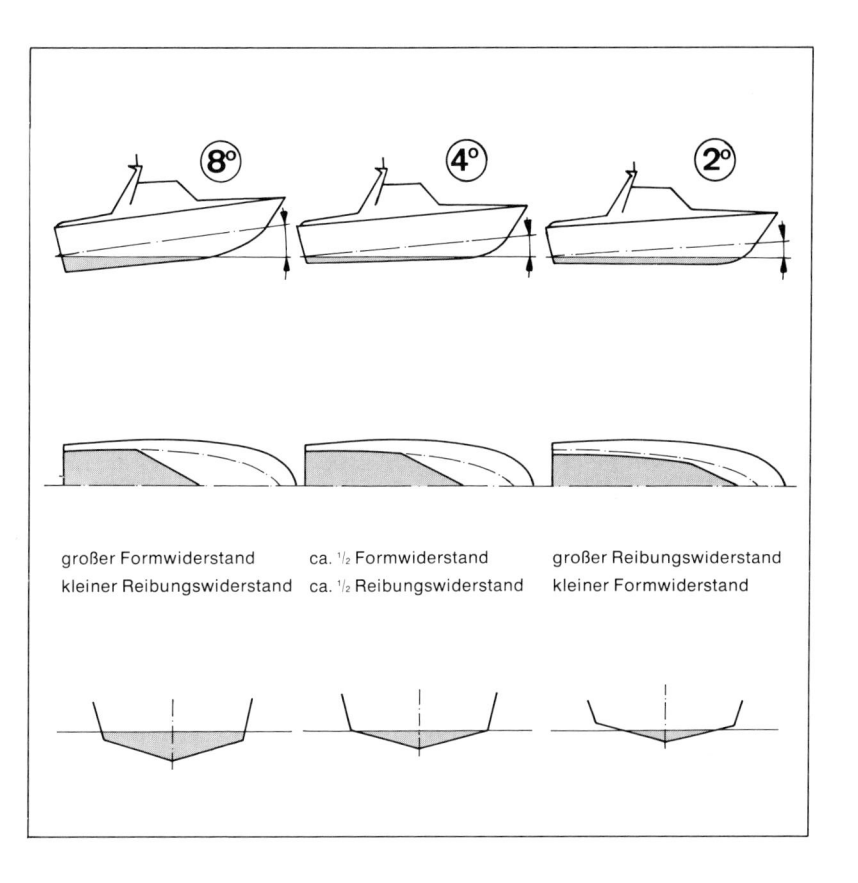

| großer Formwiderstand | ca. ½ Formwiderstand | großer Reibungswiderstand |
| kleiner Reibungswiderstand | ca. ½ Reibungswiderstand | kleiner Formwiderstand |

Hier sehen Sie zeichnerisch dargestellt, wie sich die Anteile des Reibungs- und Formwiderstandes je nach Trimmwinkel eines Gleiters verändern können. Daraus kann man analog den Schluß ziehen, daß das Boot zum Beispiel in Bereichen mit geringem Formwiderstand wenig vertrimmt und relativ wirtschaftlich läuft, während in den Bereichen mit großem Formwiderstand (große Welle), wo es je nach Rumpfform und Motorisierung Winkel bis zu 15° erreichen kann, relativ unwirtschaftlich ist. Es sei aber bemerkt, daß alle Winkel über 8° ein sicheres Symptom für eine Krankheit wie Untermotorisierung, total falscher Trimm usw. sind.

DER OPTIMALE TRIMM IHRER YACHT

So durchläuft ein Gleiter das Wellensystem, bis er den Verdrängerzustand verläßt und zu gleiten beginnt. Die Fotomontage zeigt die in der Grafik eingetragenen Punkte A, B und C.

A *= Das Boot hängt mit dem Heck total im Wellental. Das ist der Zustand, den Verdränger – egal mit welcher Motorisierung – nicht mehr überschreiten können.*

B *= Das Heck des Bootes wurde vom dynamischen Auftrieb des Wassers hochgehoben. Durch Verringerung des im Wasser liegenden Querschnitts baut sich die Welle wesentlich ab, das Boot gleitet und befindet sich am Anfang des sehr wirtschaftlichen Fahrens im Gleitbereich, der etwa bis 60% der Nenndrehzahl reicht. Das ist allerdings nur eine Daumenpeilung, da viele Gleiter erst mit 60% der Drehzahl wirklich mit dem Heck raus sind.*

C *= 80% der Nenndrehzahl. Die Neigung der Längsachse ist unter 4° gegangen, das Boot fährt die höchste zu empfehlende Dauerfahrt, die allerdings schon nicht mehr als wirtschaftliche Reisegeschwindigkeit bezeichnet werden kann.*

Die strichpunktierte Linie zeigt das Verhalten des normalen Gleiters mit Trimmklappen. Sie bewirken, daß das Boot nicht zu steil ansteigt und früher ins Gleiten kommt.

Will man den optimalen Fahrzustand mit der Messung des Trimmwinkels und die möglicherweise notwendige Vertrimmung objektiv einschätzen, muß man diverse Messungen anstellen, zu denen folgende Utensilien notwendig sind:

① Stoppuhr zum Zeitnehmen auf einer beliebig langen Meßstrecke, um durch Veränderung der Durchfahrtszeit mit fliegendem Start zu sehen, ob die Geschwindigkeit angestiegen ist oder abgenommen hat (ein Speedometer ist da nicht erforderlich, aber nützlich, da es die Messungen erleichtert).

② Klinometer (Krängungsmesser)*, das in Längsrichtung montiert wird und auf dem man die Neigung der Längsachse (Trimmwinkel) ablesen kann. Der Trimmwinkel ist das wichtigste Indiz zur Einschätzung des Fahrzustandes zwischen verdrängen und gleiten bzw. der Ausgewogenheit von geringstem Gesamtwiderstand. Besonders bei Gleitern im Gleitzustand spielt die Ausgewogenheit zwischen Form- und Reibungswiderstand eine erhebliche Rolle.

③ Drehzahlmesser – das wichtigste Kontrollinstrument für den Zustand des Motors. Bei den Meßfahrten mit und ohne Trimmklappen kann man (bei gleicher Gashebelstellung) durch Veränderung der Drehzahl sehr gut sehen, ob sich der Widerstand vergrößert oder verringert hat.

④ Speedometer – es bietet bei den Meßfahrten die größte Erleichterung, da es (das richtige Instrument vorausgesetzt) schon sehr kleine Geschwindigkeitsveränderungen sehr gut anzeigt, so daß sich ein Stoppen der Zeit erübrigt.

---

* Es gibt allerdings auch richtige Anzeigegeräte (ähnlich dem künstlichen Horizont im Flugzeug) auf dem Fahrrad- und Autosektor (VDO)

Trimmwinkel

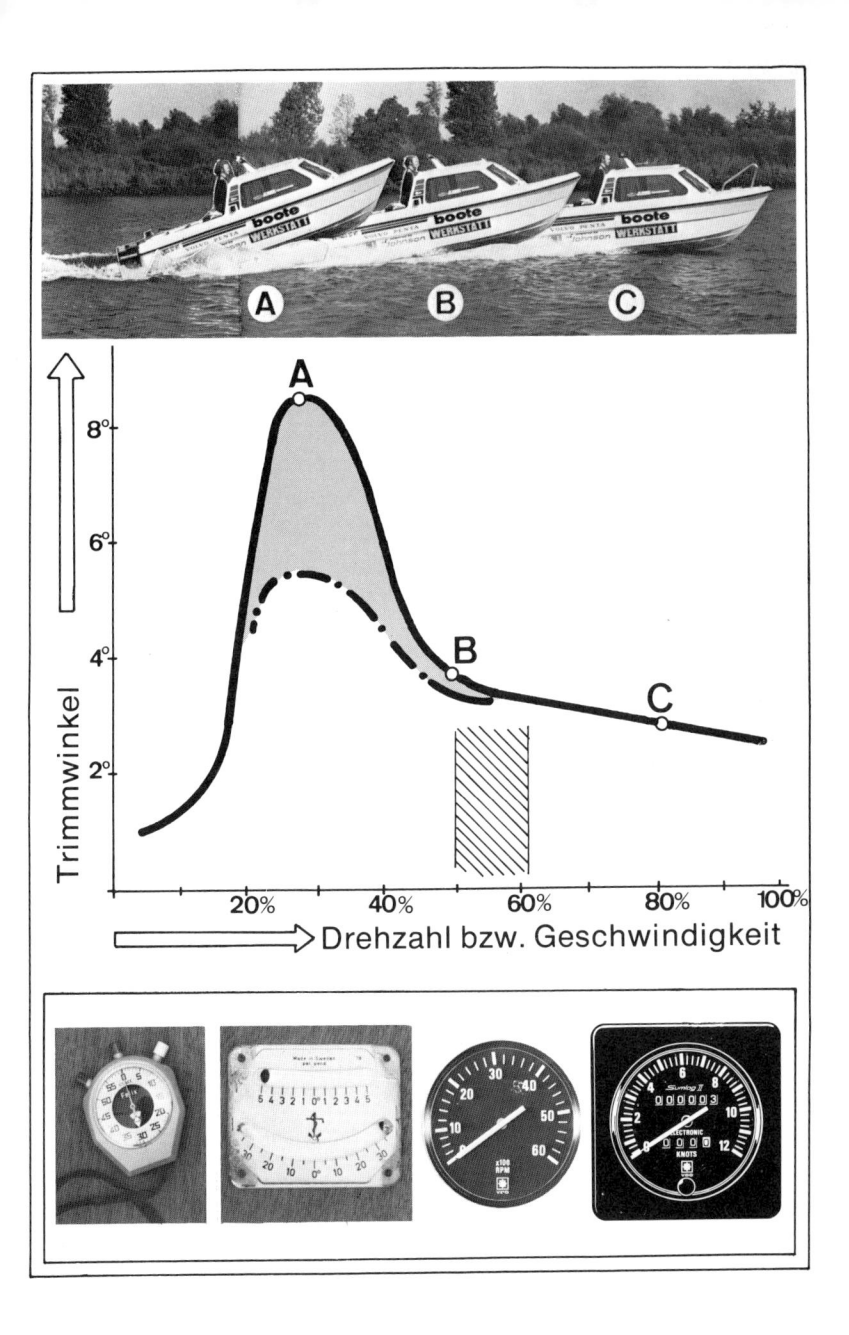

8°
6°
4°
2°

A
B
C

20% 40% 60% 80% 100%

Drehzahl bzw. Geschwindigkeit

Optimierung des Trimms

Unabhängig von der Bootsform, dem Propeller und dem technischen Zustand des Motors kann man Sprit sparen, wenn man folgende vier Grundregeln des Trimms beachtet:

① **Weniger Sprit: wenn das Gesamtgewicht niedrig ist.**
② **Weniger Sprit: wenn das Gewicht richtig verteilt ist.**
③ **Weniger Sprit: wenn der Motor (oder Antrieb) in richtiger Höhe plaziert ist.**
④ **Weniger Sprit: wenn die Schaftneigung optimal gewählt ist.**

Wie sich diese Momente quantitativ und qualitativ auswirken, zeigen Texte, Fotos und Testwerte auf den drei folgenden Seiten.

Man kann den Trimm optimieren, wenn man unter Beobachtung des Logs und des Drehzahlmessers den Gewichtsschwerpunkt verlagert, indem man einen Mann nach vorne schickt oder alle nach hinten setzt usw. Sie werden erstaunt sein, was das für Veränderungen mit sich bringt.

OPTIMIERUNG DES TRIMMS

Zu Punkt ③ und Foto oben

Weniger Sprit bei richtiger Position der Kavitationsplatte. Das ist auf alle Fälle richtig. Der Versuch, die optimale Position der Kavitationsplatte zum Bootsboden während unserer Meßfahrten einzustellen, ist nicht gelungen. Brauchbare Meßwerte zu ermitteln war nicht möglich, da andere Gesichtspunkte mehr Gewicht hatten. Bei zu hoch liegender Kavitationsplatte (höher als Bootsboden) saugt der Propeller zu früh Luft, so daß ein vernünftiges Fahren (in der Welle und Kurve) nicht möglich ist. Ein Punkt, der in jedem Fall vor etwas weniger Kraftstoffverbrauch rangiert. Beim Absenken der Kavitationsplatte unter den Bootsboden fingen die Motoren stark zu spritzen an, so daß zwar ein Verbrauchsanstieg meßbar wurde, aber nicht Maßstab sein kann. In diesem Punkt muß man sich auf die Herstellerangaben verlassen.

Wichtig: *Kavitationsplatte niemals höher als Bootsboden, und wenn der Hersteller einen Bereich nennt (z. B. 2–5 cm), so geht man an den größeren Wert.*

OPTIMIERUNG DES TRIMMS

Diagramm 1 *(zu Punkt 1 auf Seite 104)* = Weniger Sprit durch weniger Gewicht

Die Kurven zeigen den Kraftstoffverbrauch bei zunehmender Geschwindigkeit für 1 bis 4 Personen. Das Bootsgewicht mit Motor und Ausrüstung war 900 kg. Wir zeigen die Werte nicht, damit Sie Ihr Silber von Bord holen und mit Bestecken aus Leichtmetall zu essen beginnen, sondern um zu demonstrieren, was z. B. passiert, wenn Sie normalerweise zu zweit fahren und dann zwei Gäste an Bord haben oder im Urlaub z. B. 140 kg Ausrüstung (zwei Mann) zusätzlich mitführen.

Rechnet man das Gewicht in Prozent bezogen auf das Bootsgewicht, so machen 70 kg etwa 8% aus. D. h. im wirtschaftlichen Fahrbereich (hier um 26 kn) bringen 8% Zuladung 1 Liter Sprit pro Stunde mehr an Verbrauch, bei Vollgas sogar 2 l pro Stunde. Weiter umgerechnet bedeutet das, im wirtschaftlichen Fahrbereich des Gleiters bringt

1% mehr an Bootsgewicht
1% mehr Verbrauch im wirtschaftlichen Bereich und
2% mehr Verbrauch bei Vollgas.

Diagramm 2 *(zu Punkt 2 auf Seite 104)* = Weniger Sprit durch richtige Gewichtsverteilung

Die Kurven dieses Diagramms verdeutlichen, wie wichtig die richtige Gewichtsverteilung ist. Der beste Maßstab in der Praxis ist der Fahrwinkel bei Vollgas (2–4°) und Horizontallage in Ruhe. Das Beispiel auf der senkrechten Linie (wirtschaftlicher Bereich etwa 26 kn) zeigt einen Kraftstoffanstieg um fast 40%. Das sind zwar Extremwerte, aber gerade im Längstrimm ist mancher Gleiter sehr empfindlich.

Diagramm 4 und Foto links (zu Punkt 4 auf Seite 104) auf der linken Seite: Weniger Sprit durch richtige Schaftneigung

Die Kurven zeigen den Einfluß der Schaftneigung auf den Verbrauch und die Geschwindigkeit. Brauchbare Werte ließen sich erst bei ganz schnellem Gleiten messen (ab etwa 24 kn). Wie die Kurven zeigen, lohnt es sich schon, das richtige Loch zu finden. In der Praxis heißt das,

- höchste Geschwindigkeit = bestes Loch, und probieren Sie ruhig alle durch, man kann hier aufgrund der Rumpfform und der Spiegelneigung Überraschungen erleben.

Die Motoren sind im allgemeinen so ausgelegt, daß bei einer normalen Spiegelneigung nach ICOMIA-Norm (13) das 2. oder 3. Loch optimal ist. In unserem Beispiel brachte die beste Einstellung bei 26 kn 3 l/h weniger, was etwa 10% Kraftstoffeinsparung entspricht. Geht man noch einen Knoten weiter, so beträgt die Einsparung gegenüber dem schlechtesten Wert sogar 25%.

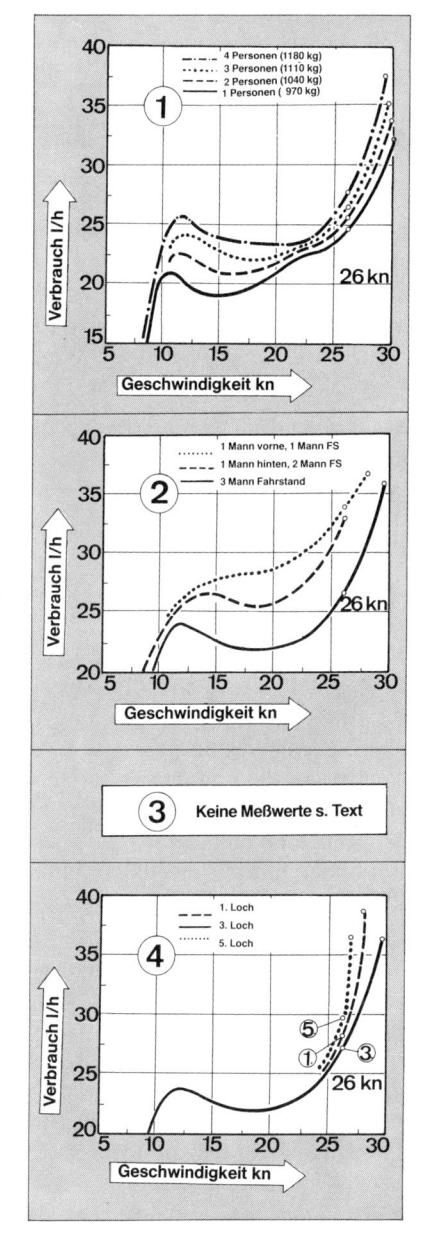

Wirtschaftlich fahren

Diesen Abschnitt „wirtschaftlich fahren" möchte ich mit den Zahlen eines speziell nach diesen Gesichtspunkten gefahrenen Tests dokumentieren, den ich auch für das Wassersportmagazin BOOTE gefahren habe.
Doch zuerst die herkömmlichen Regeln, die ohne viel Theorie und Messung den richtigen Weg weisen. Man muß sie natürlich relativieren, da die Grenzen von Rumpf zu Rumpf verschieden sind und die optimale Lage nur durch Messung gefunden werden kann. Als Faustformel gilt:

50% Drehzahl – wirtschaftliche Dauerfahrt – 25% Verbrauch
80% Drehzahl – empfohlene Dauerfahrt – 60% Verbrauch
90% Drehzahl – höchste Dauerfahrt – 80% Verbrauch

In der Grafik Seite 111 sind diese Werte grafisch dargestellt.
Zurück zu besagtem Test, der 3 Schwerpunkte hatte:
Verbrauch/Geschwindigkeit
Verbrauch/Trimm
Verbrauch/Propeller
An einem Boot wurden fünf Motoren unterschiedlicher Leistung, je drei bis fünf Propeller, verschieden große Trimmklappen und Belastungen einen Sommer lang getestet. Zu den etwa 7000 Messungen wurden zusätzlich einige hundert Tests aller westlichen Bootszeitschriften ausgewertet und analysiert. Das wichtigste Resultat:
So fährt man mehr Meilen mit weniger Sprit.
Wir haben uns mit Zweitaktern befaßt, jener Kategorie von Motoren also, denen man nicht zu Unrecht nachsagt, sie schlucken am meisten. Doch in etwas abgeschwächter Form kann man diese Erfahrungen analog auf die Einbaumotoren übertragen. Außenborder schlucken spezifisch doppelt so viel wie Einbaumotoren. Sie tun es aber nur unter der heute bereits antiquierten Zielsetzung – schneller und noch schneller. Schneidet man nämlich die Spitze ab unter dem Motto „Mehr Meilen mit weniger Sprit", ist die Daseinsberechtigung der Außenborder jederzeit gegeben. Schon aus der Sicht, daß es überhaupt keinen anderen Bootsantrieb für Motorboote bis zu etwa 50 kW (70 PS) mit ähnlichen Vorteilen gibt.

REGELN ZUM TRIMMEN

Dazu ein Beispiel: Mit dem 25 l fassenden Standardtank und einem Motor von etwa 50 kW ist der Tank nach 43 Minuten (35 l/h, 20 Meilen) bis auf den letzten Tropfen leer. Das Boot läuft eine Geschwindigkeit von 28 kn. Das entspricht ungefähr 0,8 Meilen je Liter. Geht man mit dem Gashebel aber etwas vorsichtiger um und drückt ihn nicht bis zum Anschlag durch, so daß man ungefähr 25 kn fährt, erreicht man bereits 1 Meile pro verbrauchten Liter Kraftstoff. Der Tank hält 1 Stunde (25 Meilen).
Bei 80% der Geschwindigkeit liegen die Werte noch sehr viel günstiger (1,2 Meilen mit 1 Liter Sprit).
Auf ein Wochenende übertragen, fährt man die gleiche Fahrstrecke statt in 4 Stunden eben in 5 Stunden, gemütlicher, ruhiger, mit weniger Gestank. Verbrauch statt 6 nur 4 Tankfüllungen, was umgerechnet etwa 60 DM (= 3 Kisten Bier) ausmacht.
Daraus ersieht man schon, worauf es in erster Linie ankommt: auf die Fahrweise. Und da ich meine, daß wir im Sinne guter Seemannschaft alle bereit sind, vernünftig zu fahren, muß man die Überlegung anstellen, wie man überhaupt die Voraussetzungen für wirtschaftliches Fahren ,,schaffen" kann.
Folgende vier goldene Regeln muß man sich merken:
- Am meisten Sprit spart man beim Bootskauf. Vorbedingung für wirtschaftliches Fahren ist der richtige Bootstyp für die vorbestimmte Betriebsart unter optimaler Abstimmung von Boot, Motor und Propeller.

Nach dem Kauf hilft ohne zusätzlichen finanziellen Aufwand nur noch
- Motor in technisch einwandfreiem Zustand halten (durch richtige Wartung)
- auf den richtigen Gewichtstrimm des Boots und die entsprechende Trimmloch-Einstellung des Motors achten und
- den Gashebel etwas zahmer bewegen und nicht ganz so weit nach vorne drücken wie bisher.

Diese so pauschal in den Raum gestellten Ergebnisse vieler tausend Messungen lassen sich mit Hilfe von Diagrammen und entsprechenden Fotos zu den markanten Punkten qualitativ und quantitativ am überschaubarsten darstellen.

WIRTSCHAFTLICH FAHREN

Jede der hier gezeigten Diagrammgruppen stellt eine der Hauptrichtungen dar, die für ,,Mehr Meilen mit weniger Sprit'' ausschlaggebend sind. Lesen Sie die dazugestellten Texte aufmerksam Punkt für Punkt durch, immer mit Blick auf Gashebel und Tankinhalt Ihres eigenen Bootes. Sie werden feststellen, daß es sehr leicht ist, den Kasten Bier oder die Blumen für die Freundin am Wochenende über Treibstoffeinsparungen gratis zu bekommen.

Die Grafik zeigt den Verlauf des Trimmwinkels mit zunehmender Drehzahl für die drei Basistypen Verdränger / Halbgleiter / Gleiter. Zusätzlich sind die Werte für Verbrauch, Geschwindigkeit und Lautstärke eingetragen, um zu zeigen, daß man mit ,,wirtschaftlich fahren'' nicht besonders viel Geschwindigkeit verliert, aber viel Kraftstoff spart und viel weniger Lärm macht.
Bei halber Geschwindigkeit haben Sie sogar die doppelte Reichweite, und die Lautstärke geht wesentlich zurück, was bei der mangelhaften Isolierung der Motoren auf Yachten ein die Gesundheit förderndes Erlebnis ist. Vergleichsweise sind auf gewerblich betriebenen Schiffen nur sehr viel niedrigere Werte als Höchstgrenze zulässig – Werte, die Yachten bei 50% Drehzahl erreichen.

Meßwerte zu den Trimmdiagrammen und Fotos Seite 112 bis 115. Das Boot war mit 4 Personen besetzt, davon ständig zwei am Fahrstand. Die anderen beiden wurden zum Vertrimmen nach vorne oder hinten geschickt.

Bild Seite 113	Geschwindigkeit kn	Verbrauch l/h	Literstrecke sm/h	Trimm ∢°
1	5	5	1	1
2	12	15	0,8	7
3	22,5	18,5	1,2	3
4	25	25	1	2,5
5	28	35	0,8	2

Bild Seite 115	Geschw. kn	Verbrauch l/h	Liter- strecke sm/h	Trimm ∢°	Personen hinten	vorne
1	6,0	10,0	0,6	0	1	1
2	10,0	25,0	0,4	3,5	1	1
3	6,0	11,0	0,54	3,0	2	—
4	11,0	24,0	0,46	9,0	2	—

TRIMMWINKEL

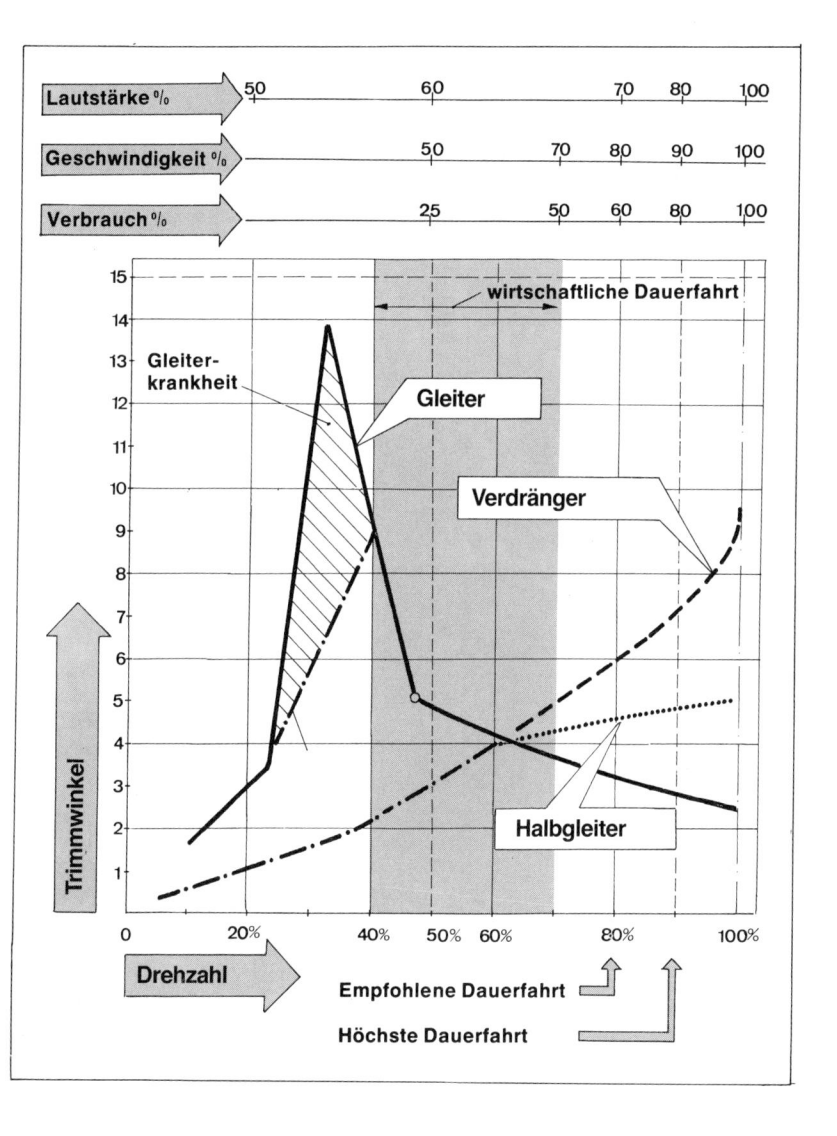

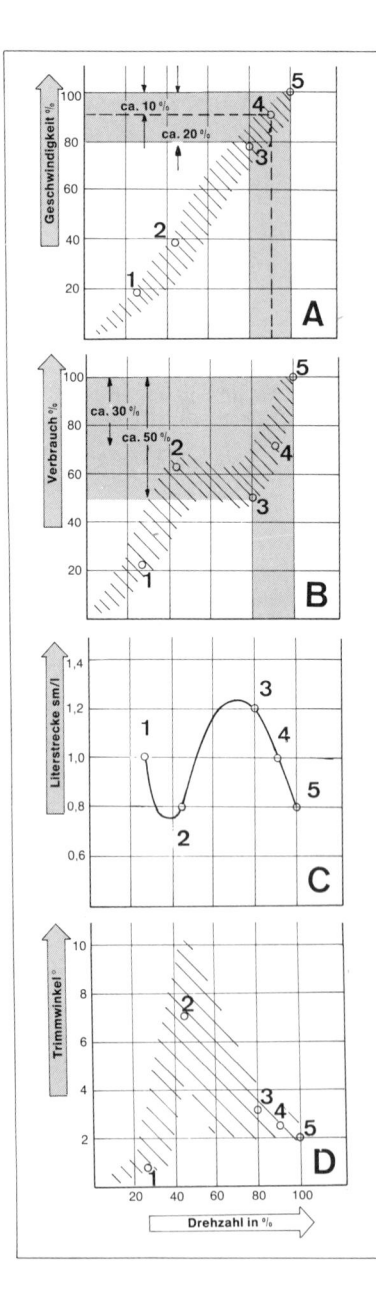

Geschwindigkeit und Verbrauch

Diese Diagrammkombination veranschaulicht am besten, wie sich ein Gleiter verhält. Die gestrichelte Fläche zeigt die Streuung der im Test gefahrenen Meßwerte und ist auch repräsentativ für die auf dem Markt befindlichen Gleiter.

Eine der optimalen Einstellungen Boot – Motor – Propeller haben wir fotografiert (s. rechts). Durch die Prozentwerte in den Diagrammen haben Sie die Möglichkeit, die Daten Ihres eigenen Bootes mit diesen Kurven zu vergleichen.

A: Der Geschwindigkeitsbereich von 80–90% der Drehzahl ist grau dargestellt. Sie sehen, daß beim Zurücknehmen des Gashebels um 10% der Drehzahl auch die Geschwindigkeit etwa 10% fällt.

B: Der Verbrauch geht sehr viel stärker zurück als die Geschwindigkeit. Bei einer Geschwindigkeit von etwa 90% (etwa 90% Drehzahl) spart man bereits um 30% Benzin (bei Zweitaktern), bei 80% der Höchstgeschwindigkeit um 50%.

C: Die Kurve zeigt, wie weit man mit einem Liter Kraftstoff kommt. Der wirtschaftliche Fahrbereich liegt noch unter 80% der Drehzahl. Ein Gleiter müßte nach diesen Ergebnissen mindestens in einem Drehzahlbereich von 10% über der Literstrecke von einer Meile fahren.

D: Der Trimmwinkel zeigt sehr charakteristisch das Verhalten des Bootes im Durchgang durch sein Wellensystem.

① Langsame Verdrängerfahrt. Der Treibstoffverbrauch ist niedrig, weil der Wasserwiderstand gering ist. Die Heckwelle trägt das Achterschiff noch, das Boot liegt fast horizontal.

② Jetzt ist die Geschwindigkeit so groß, daß der Rumpf hinten ins Wellental sackt. Dieser Fahrzustand ist besonders unwirtschaftlich, man sollte ihn meiden.

③ Das Heck ist durch den dynamischen Auftrieb, der mit zunehmender Geschwindigkeit entsteht, hochgehoben. Das reine Gleiten beginnt. Dieser Punkt soll bei Gleitern mindestens mit 70% der Drehzahl (besser 60%) erreicht sein, sonst ist das Boot untermotorisiert, falsch getrimmt oder schlecht konstruiert.

④ Sauberes Gleiten. Es geht zwar noch schneller, wird aber wesentlich unwirtschaftlicher.

⑤ Vollgas! Das bedeutet in diesem Fall 30 Knoten (55,6 km/h), 35 l/h. Man sieht, daß der Trimmwinkel des Rumpfes ganz flach geworden ist. Die Geschwindigkeitsgrenze des Bootes ist erreicht. Mit einer stärkeren Maschine würde man kaum mehr herausholen.

WIRTSCHAFTLICH FAHREN

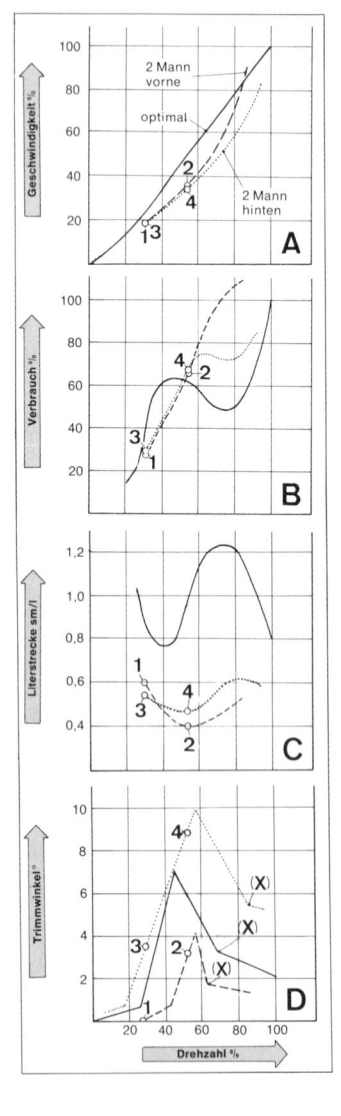

Verbrauch und Trimm

Auswirkungen des Gewichtstrimms. Die hier gezeigten Meßdaten sind zwar extreme Werte, sie demonstrieren aber am besten, wie man mit Gewichtsverlagerung Benzin spart. Parallel dazu finden Sie rechts die Fotos 1–4, die als Punkte in die Diagramme eingezeichnet wurden. Die gemessenen Werte stehen in der Tabelle unten.

Schwarze Linie: zeigt die Kurve der optimalen Werte (4 Personen am Fahrstand).

Gestrichelte Linie: Daten mit vorlich getrimmtem Boot (2 Personen am Fahrstand, 1 Mann hinten, 1 Mann vorn).

Gepunktete Linie: Kurve verbindet die Meßwerte eines stark achterlich getrimmten Bootes (2 Personen am Fahrstand, 2 Personen achtern).

Die Auswirkungen lassen sich gut verfolgen. Sowohl vorlicher als auch achterlicher Trimm bremsen das Boot stark ab (A). Das gilt natürlich nur in dem Augenblick, wo das Boot so auch optimal getrimmt ist. Ist es aber grundsätzlich falsch getrimmt, dann kann die Kontrollfahrt mit einer Person hinten oder vorne bessere Werte zutage fördern, was dann den direkten Schluß auf falschen Trimm zuläßt.

Der Treibstoffverbrauch (B) liegt ebenfalls wesentlich höher. Daraus resultiert natürlich, daß die Literstrecken sehr viel schlechter sind (C). Der Trimmwinkel (D) zeigt, daß das Boot immer später ins Gleiten kommt, je weiter das Gewicht nach achtern rutscht (Punkt X).

① *Extrem auf den Kopf getrimmt. Das Boot schiebt eine riesige Bugwelle vor sich her, die Geschwindigkeit fällt. Der Verbrauch steigt.*

② *Der dynamische Auftrieb fängt früher an zu wirken, da das Heck relativ leicht ist. Der Motor muß aber extrem stark schieben, der Verbrauch ist hoch.*

③ *Achterlich getrimmt, rutscht das Heck sehr früh in das Wellental, der Anstellwinkel ist groß, entsprechend liegt auch der Verbrauch sehr hoch und die Geschwindigkeit relativ niedrig.*

④ *Der dynamische Auftrieb fängt sehr spät an zu wirken, da das Heck sehr schwer ist, eine hohe Welle erzeugt und somit der Formwiderstand dominiert.*

Ein ähnlicher Effekt läßt sich zwar nicht so extrem, aber doch positiv durch Verstellung des Schaftes von Außenbordern und Z-Antrieben erreichen, so daß man auch damit einen optimalen Wert suchen kann.

Was bringen Trimmklappen?

Hier geht es um die Frage: Sind Trimmklappen nur ein Spielzeug für verwöhnte Eigner, oder was bringen sie wirklich?

Grundlage der folgenden Aussagen sind Analysen vieler Tests und spezielle Meßfahrten im Rahmen des bereits erwähnten BOOTE-Spartests.

Es gibt eine Reihe ernst zu nehmender Fachleute, die meinen, Trimm-Tabs dienten nur der Tarnung irgendeiner Schwäche und eine richtige Konstruktion bräuchte sie nicht. Das ist so, wie es gemeint ist, auch korrekt. In vielen Fällen werden die Trimmklappen tatsächlich dermaßen mißbraucht. Sie sind dann nur noch Notanker für Eigner, die damit zu retten versuchen, was zu retten ist, nachdem das Boot nicht die gewünschten Fahreigenschaften brachte.

Richtig eingesetzt, das bedeutet, auch an einem guten Rumpf, haben die Klappen nur Vorteile. In jedem Fall bringen sie eine Komfortsteigerung, d. h.

- Ausgleich des Quertrimms aus ungleicher Belastung,
- Verringerung der Krängung durch das Propellerdrehmoment,
- Unterstützung des Kurvenfahrverhaltens,
- Längstrimmausgleich bei unterschiedlicher Beladung (Urlaubsausrüstung, voller/leerer Tank),
- schnelleres Ins-Gleiten-Kommen,
- Runtertrimmen des Bugs bei zunehmender Welle und vieles mehr.

Das ist über den dicken Daumen gepeilt die Komfortsteigerung, die durch Montage von Klappen erreicht wird. Steigt man aber etwas tiefer in die Materie und versucht, das Problem mal aus der Sicht des Energiesparers

WAS BRINGEN TRIMMKLAPPEN

zu sehen, so stellt man als angenehme Begleiterscheinung eine Erweiterung des wirtschaftlichen Gleitbereichs und eine damit verbundene Einsparung von 10 bis 20% und mehr Kraftstoff fest. Man muß es nur richtig sehen. Es darf nicht heißen: Die Klappen bringen mehr Geschwindigkeit, sondern man fährt bei gleicher Geschwindigkeit 20% wirtschaftlicher.

Weiter muß man sich klarmachen, daß die steuerbaren Flächen am Heck nicht dazu dienen, die Endgeschwindigkeit des Bootes bei richtiger Motorisierung zu heben, sie führen eher zu einem Geschwindigkeitsverlust in der Spitze von etwa 1%. Die Verbesserung durch Klappen liegt im Bereich zwischen 40 und 80% der Geschwindigkeit, und dort ist sie enorm groß.

Die Gretchenfrage, die Sie sich jetzt stellen: Soll ich mir Tabs kaufen? Wenn das Geld keine Rolle spielt – immer, da die Trimmklappen, wie schon gesagt, schlimmstenfalls nicht schaden.

Hat man über das Geld nachzudenken, dann sind folgende Punkte ein

Das Bild zeigt Trimmklappen, die während einer Versuchsreihe stufenweise verlängert wurden. Es stellte sich eindeutig heraus, große Breite ist besser als Länge. Auch sollte man die Trimmklappen ruhig eine Nummer größer kaufen als sie empfohlen werden, sofern das aus baulichen Gründen möglich ist.

WAS BRINGEN TRIMMKLAPPEN

Anzeichen dafür, daß man den Trimmklappenpreis nach relativ kurzer Zeit über die Kraftstoffeinsparung wieder hereinfährt und nicht nur den Komfort steigert:

- Boot kommt zu spät ins Gleiten (jenseits von 50% Drehzahl). Das muß nicht immer der zu schwache Motor sein. Hier sollte man natürlich auch den Propeller, den Neigungswinkel des Motorschaftes und den Prop.-Wirkungsgrad überprüfen.
- Das Boot geht, nachdem es mit dem Heck heraus ist, nicht flach genug aufs Wasser. Hier sollte man auch die Schaftneigung und vor allem den Gewichtstrimm überprüfen (was kann alles nach vorne verlagert werden?).
- Boot geht bei Vollgas zu flach aufs Wasser, so daß die Geschwindigkeit auf den letzten 5 bis 10% der Motordrehzahl fast oder gar nicht mehr steigt. Motorschaft weiter nach hinten (drittes, viertes oder fünftes Loch), unter Umständen Gewicht nach hinten, so daß das Boot bei Vollgas nur noch auf 3 bis 5° geht. Die Höchstgeschwindigkeit müßte dann steigen. Gleichzeitig wird es aber später ins Gleiten kommen. Hier würden nun Trimmklappen helfen, das Boot wieder früher aus dem Wasser zu bringen und Treibstoff zu sparen.

Sie sollten aber vor dem Kauf das folgende Rechenexempel für Ihr Boot nachvollziehen.

Beispiel: Sie fahren viel! 300 Stunden je Saison, davon etwa 100 Stunden im Gleitbereich. Ihr Boot verbraucht bei 80% Drehzahl ca. 20 Liter/Stunde. Durch Anbau der Trimmklappen sparen Sie 5 Liter pro Stunde. Das ergibt 500 Liter je Sommer. In Geld ausgedrückt, wären Trimmklappen über die Spriteinsparung eingefahren. In vielen Fällen helfen auch preiswerte oder selbstgebaute Staukeile oder Klappen, wie sie in den Skizzen auf Seite 125 zu sehen sind.

Diese Werte wurden mit dem bereits erwähnten Testboot gefahren. Testgewicht 1000 kg, Außenborder bis 55 kW.

Im grauen Feld stehen Werte mit ausreichender Motorisierung. Die Daten darunter sind für untermotorisierte Boote typisch.

MESSWERTE MIT TRIMMKLAPPEN

Beachten Sie die grauen Drehzahlwerte: die Steigerung wird bei gleicher Gashebelstellung „nur" durch Trimmen mit den Klappen erreicht.

Die fett gedruckte Zeile entspricht etwa dem auf der rechten Seite eingezeichneten Beispiel. Es passiert folgendes: bei 4000 Umdrehungen läuft das Boot 16 kn und verbraucht 21 l/h. Durch Anstellen der Trimmklappen geht die Drehzahl auf 4300 Umdrehungen, die Geschwindigkeit steigt auf 20,5 kn und der Verbrauch geht auf 18 l/h zurück. Das ist sicher ein extremer Wert, ganz so optimistisch sollte man seine Erwartungen bei der Montage von Trimmklappen nicht setzen. Das Ergebnis ist aber mit ziemlicher Sicherheit positiv, wenn man auch die Prop-Abstimmung im Auge behält.

Diese vier Diagramme charakterisieren das Fahrverhalten eines Gleiters. Wir haben die Skalen in Prozent angelegt, um die Kurven für andere Gleiter vergleichbar zu machen.

Grau ist die Verbesserung durch das Anstellen der Trimmklappen gezeigt. Achten Sie beim Durchdenken der Kurven darauf, daß der „bessere = geringere" Verbrauch im Diagramm auch nach unten zeigt. Während in der Grafik „Literstrecke" das Positive wieder nach oben gerichtet ist.

Drehzahl 1/min		Geschwindigk. kn		Verbrauch l/h		Literstrecke sm/l		Trimmwinkel °	
Trimmklappenstellung		Trimmklappenstellung		Trimmklappenstellung		Trimmklappenstellung		Trimmklappenstellung	
null	optimal	null	optimal	null	optimal	null	optimal	null	optimal
2150	2150	5,5	5,5	7	7	0,79	0,79	1,5	1,5
2950	3050	8,0	9,0	11	16	0,73	0,56	3,0	5,0
3550	4000	12,0	16,5	23	23	0,52	0,72	7,0	5,0
3800	4100	15,0	18,0	20	21	0,75	0,86	6,0	4,0
4000	**4300**	**16,0**	**20,5**	**21**	**18**	**0,76**	**1,14**	**5,0**	**3,0**
5350	5350	26,0	26,0	34	34	0,76	0,76	3,0	3,0
2700	2500	6,0	5,0	9	9	0,66	0,56	5,0	6,0
3500	3500	7,0	8,0	14	14	0,50	0,57	8,0	6,0
4100	4000	9,0	11,0	21	17	0,43	0,64	8,0	5,0
4300	4300	9,5	12,0	23	20	0,41	0,60	9,0	5,0
—	5000	—	18,0	—	25	—	0,75	—	4,0

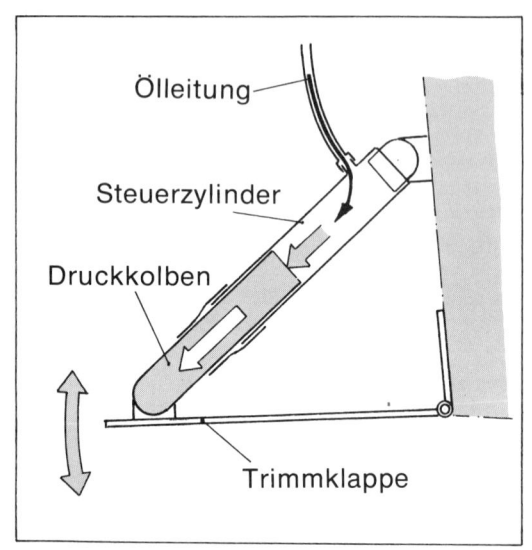

WAS BRINGEN TRIMMKLAPPEN

Ölleitung
Steuerzylinder
Druckkolben
Trimmklappe

Die Skizze zeigt den Schnitt durch steuerbare Trimmklappen mit hydraulischem Steuerzylinder. Der Öldruck kann entweder durch eine Hand-Hebel-Pumpe (als Steuerhebel) oder von einer elektrisch betriebenen Pumpe (elektro-hydraulisches System) erzeugt werden.

Rechts oben: Trimmklappen bewirken von ihrer Funktion her genau das, was hier versuchsweise praktiziert wird. Der Mann auf dem Vorschiff vertrimmt das Boot über den Schwerpunkt so, daß das Heck hochkommt. Trimmklappen können es allerdings besser: sie machen das dynamisch, ohne soviel Gewicht.

Rechts: Wirkungsweise der Trimmklappen und Staukeile. Durch das Anstellen der Klappen wird die Strömung am Heck umgelenkt und es entsteht eine nach oben gerichtete Kraft, die das Heck zu heben versucht. Das Boot dreht um den Schwerpunkt und taucht die Nase tiefer ein. Durch Veränderung des Anstellwinkels kann man je nach Bedarf diese Kraft vermindern oder verstärken, so daß man sehr fein abgestimmt jeden Lastwechsel mit steuerbaren Trimmklappen ausgleichen kann.

(A) = Klappe verlängert nur den Bootsboden. Die aufwärts gerichtete Kraft $F_y = 0$. Es entsteht nur Reibung Fx.

(B) = richtig eingestellte Klappe. Die aufwärts gerichtete Komponente F_y, die das Boot trimmt, ist entschieden größer als der Widerstand F_x (horizontale Komponente).

(C) = zu stark angestellte Trimmklappe. Die Strömungsverhältnisse werden bei zu großem Anstellwinkel so ungünstig, daß der Widerstand extrem ansteigt und schließlich größer als die Trimmkraft wird und nur zu Fahrtverminderung führt.

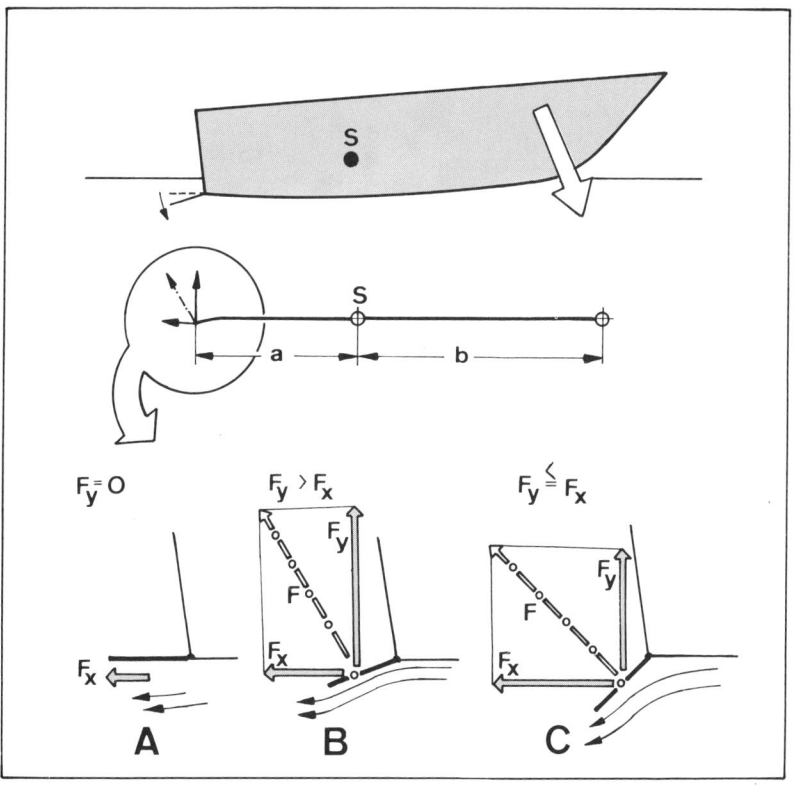

FUNKTION DER TRIMMKLAPPEN

$F_y = 0$ $F_y > F_x$ $F_y \lesseqgtr F_x$

A   B   C

121

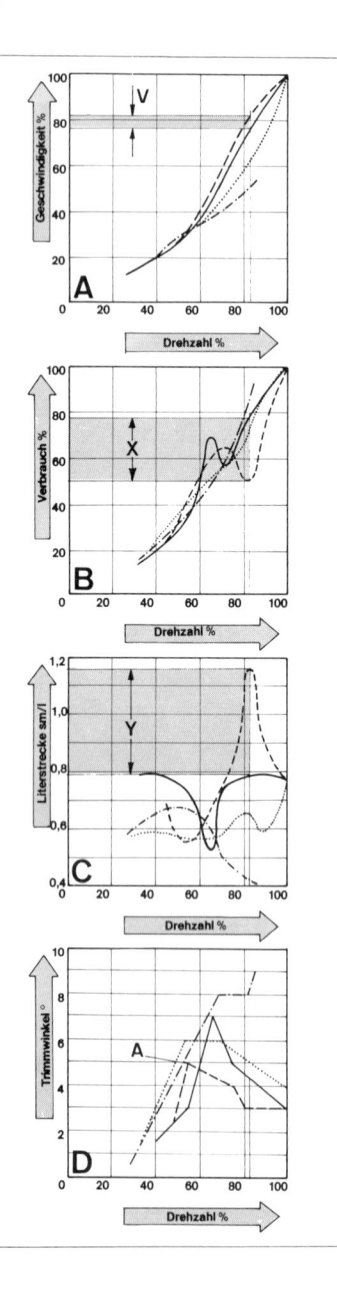

Typische Kurven eines ausreichend motorisierten Gleiters mit Trimmklappen in Nullstellung.

Mit angestellten Trimmklappen verringert sich der Verbrauch (X) trotz ansteigender Geschwindigkeit (V). Das führt zu dem sprunghaften Anstieg der Wirtschaftlichkeit, der im Diagramm der Literstrecke (Y) zum Ausdruck kommt.
Achtung: *Solang der Trimmwinkel in Verdrängerfahrt ansteigt (bis A), steigt auch der Verbrauch.*

Typisch für ein untermotorisiertes Boot – Gleitzustand wird nicht erreicht.

Diese Werte verdeutlichen noch einmal die Macht der Trimmklappen. Mit untermotorisiertem Boot (wie strichpunktierte Linie) und angestellten Trimmklappen wird einwandfreier Gleitzustand und Nenndrehzahl erreicht. Das kann man aber nicht als Beseitigung falscher Motorwahl betrachten, richtig wäre ein stärkerer Motor und Trimmklappen, damit das Fahren wirtschaftlich wird.
Beispiel: *Die Trimmklappen brachten in diesem Bereich 6% Geschwindigkeit bei gleichzeitigem Abfall des Benzinverbrauchs um ca. 20%. Das bedeutet, wenn man es nicht über die Geschwindigkeitssteigerung ausdrücken will, daß bei gleichbleibender Geschwindigkeit der Gashebel sogar zurückgenommen und der Benzinverbrauch um über 30% fällt.*

Staukeile oder Trimmklappen?

Staukeile und Trimmklappen sind Auftriebshilfen, mit denen man mangelnde Fahreigenschaften verbessern kann, den Fahrkomfort hebt und den wirtschaftlichen Fahrbereich vergrößert.
Sowohl von den erreichbaren Zielen als auch vom Prinzip her muß man zwischen Staukeilen und Trimmklappen unterscheiden. Staukeile sind nicht steuerbare Auftriebshilfen, während Trimmklappen in Fahrt verstellt werden können.

Staukeile – Feste Keile unter dem Rumpf haben den Nachteil, daß ihre Anbringung sehr aufwendig und endgültig ist. In dieser Form wird das meist von Werften praktiziert, die die Krankheit eines Bootes (meist zu geringe Geschwindigkeit) ausmerzen wollen.
Will man beim eigenen Boot nachträglich durch Staukeile etwas an den Fahreigenschaften ändern, ist es weniger schwierig, Gleitflächen aus Blech am Heck anzubringen, die, wenn auch nur in engen Grenzen, so doch verstellbar sind.
Sie sind insgesamt wirksamer als Staukeile, da sie gleichzeitig den Rumpf verlängern, und nicht so schwer zu montieren.
Auf jeden Fall geht es bei der Verwendung der nicht steuerbaren Klappen oder Keile immer darum, die Nase weiter runter zu bekommen, also eine Krankheit (falschen Trimm) zu beseitigen und damit Kraftstoff zu sparen bzw. die Geschwindigkeit zu erhöhen.

Steuerbare Trimmklappen – Sehr viel mehr läßt sich natürlich aus den steuerbaren Trimmklappen herausholen, da sie neben der Steigerung des Fahrkomforts eine Verbreiterung des wirtschaftlichen Drehzahlbereichs ermöglichen.
Ein Boot soll bei 80% der Nenndrehzahl mit normalem Trimm optimal fahren. Um den Fahrkomfort zu steigern, werden steuerbare Trimmklappen angebaut, mit denen man das Boot bei wechselnder Last (Besatzung, Tankinhalt usw.) immer auf bestem Gleitwinkel halten kann.

STAUKEILE ODER TRIMMKLAPPEN

Die Industrie bietet hierfür verschiedene Möglichkeiten, die sich im wesentlichen durch den Steuermechanismus unterscheiden. Es gibt elektromechanische, hydraulische oder elektrohydraulische Systeme. Der Befestigungsflansch der Trimmklappen liegt so tief, daß man sie meist nicht durchbolzen kann. Sie „nur so" festzuschrauben, ist aus technischer Sicht bei den auftretenden Kräften zwar eine denkbar ungünstige Verbindung, doch da sie tausendfach praktiziert wird, muß man es hinnehmen. Auf alle Fälle muß man genau die Montageanleitung des Herstellers beachten. Das Wichtigste beim Eindrehen der Schrauben: vorher kräftig in Expoxy-, einen anderen kochfesten Kleber oder in Lack tauchen, damit das Loch von innen versiegelt wird, um das Eindringen von Feuchtigkeit zu verhindern.

Wer sich selbst Trimmklappen baut, sollte die Schrauben in zwei Reihen versetzt im Abstand von 5 bis 7 cm anbringen.

Prinzip der Klappenwahl

Je breiter, je besser, aber mindestens auf jeder Seite zum Propeller 20% seines Durchmessers Platz lassen. Die äußere Begrenzung ergibt sich durch Spantform und Kimm.

KLAPPENWAHL

Die einfachste Form eines Staukeils ist der handelsübliche Aluminiumwinkel (1). Die Neigung des Spiegels zur Klappe wird mit einem Keil (2) ausgeglichen. Eine entsprechende Verbesserung stellt das in USA patentierte SEA-MASTER-Klappensystem dar, das sich auch vorzüglich zum Selbstbau eignet. Zwischen den Alu-Winkel (1) und den Keil (2) wird ein gekantetes Blech (3) geklemmt, das mit einer gekonterten Schraube (4) bei Stillstand des Bootes verstellt werden kann.

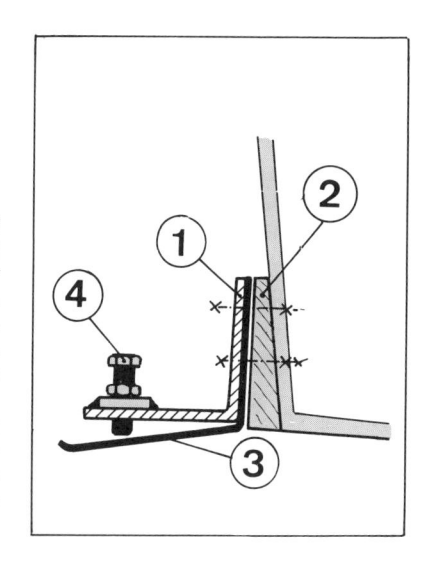

Die Skizze zeigt eine weitere einfache Version für nachstellbare Staukeile zum Selbstbau. Die Klappe (1) ist eine mit Scharnieren (2) am Spiegel befestigte Platte, die über Wantenspanner (3) verstellbar ist. Je nach Größe der Klappe muß man auch zwei Spanner anbauen.

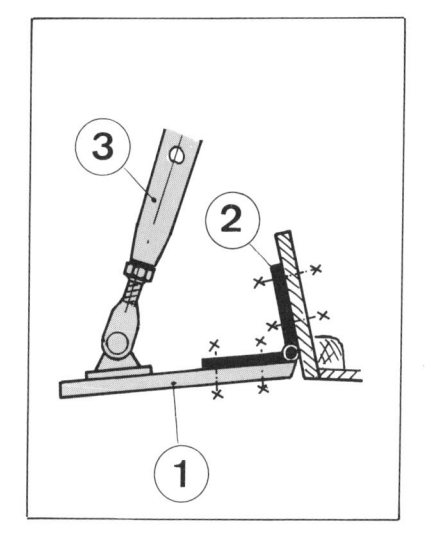

125

Optimale Trimmklappenstellung

Wenn man mit Trimmklappen nicht nur den Komfort genießen, sondern auch bewußt Kraftstoff sparen will, reicht es nicht, die Klappen zu montieren und dann einfach irgendwie loszufahren. Zum Kraftstoff-Sparen gilt es, mit Hilfe von einigen Meßfahrten die optimale Klappenstellung zu suchen.

Es ist natürlich kein Kunststück, mit aufwendigen Verbrauchsmeßgeräten die optimale Trimmklappenstellung zu finden. Das sind aber Geräte für 1000 DM und mehr, die sich der Normaleigner nicht leisten will und auch nicht leisten sollte. Es wäre eher Sache der Werften und Importeure sowie der Tester in Fachzeitschriften, hier mit entsprechend glaubwürdigen Methoden in dieser Richtung noch mehr zu unternehmen.

Unter dem Motto „Mehr Meilen mit weniger Sprit" geht es darum, mit den üblichen Bordmitteln die optimalen Verhältnisse für das Boot zu finden. Der Weg führt über den Drehzahlmesser, ein Klinometer, die Stoppuhr und eine Anzeige der Trimmklappenstellung zum Ziel. Es ist nicht einmal ein Log erforderlich, obwohl ein gutes Log die Situation natürlich verbessert, da es Geschwindigkeitssteigerungen direkter anzeigt als der Drehzahlmesser. Zur Optimierung der Trimmklappenstellung ist kein absoluter Geschwindigkeitswert notwendig. Die Grundüberlegung für die optimale Trimmklappenstellung lautet:

Wenn das Boot durch Anstellen der Trimmklappen schneller wird oder mit der Drehzahl hochgeht, ist der Widerstand geringer geworden. Das ist gleichbedeutend mit weniger Kraftstoffverbrauch. Leider sind die Drehzahlmesser zu wenig sensibel, so daß man auf einer Meßstrecke fahren sollte. Es ist nicht notwendig, die Länge der Strecke zu kennen. Die Steigerung der Geschwindigkeit wird mit der Uhr gestoppt. Im Anhang Seite 136 bis 138 finden Sie eine Tabelle und ein Diagramm, in das Sie während des Fahrens die Meßwerte eintragen können. Besser ist es natürlich, die Werte erst in Kladde (auf Schmierzettel) zu schreiben und die Daten später in Reinschrift zu übertragen. Einen Vergleich für die richtige Einstufung Ihrer Meßdaten finden Sie auf den Seiten 110 bis 115.

Wenn Ihnen ein ausreichend gutes und großes Log zur Verfügung steht, brauchen Sie natürlich nicht ständig auf der Meßstrecke hin- und herzufahren, sondern fahren das Boot bis zu einer konstanten Geschwindigkeit bei gleicher Gashebelstellung aus, um dann mit langsam verstellten Klappen den Geschwindigkeitszuwachs auf dem Log direkt abzulesen.

Daten von der Meßstrecke

Zuerst fährt man mit Trimmklappenstellung Null und verschiedenen Drehzahlen über die Meßstrecke*. Es sind etwa sechs Fahrten notwendig, um die Charakteristik des Bootes einigermaßen festzulegen. Von Vollgas bis zur Verdrängerfahrt sollte man die Drehzahlen etwa wie folgt wählen:

1. Fahrt Vollgas
2. Fahrt 90% Drehzahl
3. Fahrt 80% Drehzahl
4. Fahrt gerade so schnell, daß das Heck noch von den dynamischen Kräften getragen wird.
5. Fahrt so, daß die Heckwelle etwa eine Bootslänge hinter dem Rumpf liegt.
6. Fahrt so, daß die Heckwelle gerade hinter das Achterschiff wandert und das Heck abzusinken beginnt.

Die so gefahrenen Werte werden in der Tabelle notiert und nach Abschluß dieses Durchgangs in die Grafik eingetragen. Jetzt verbindet man die einzelnen Punkte und bekommt so einen Eindruck vom Verhalten des Bootes. Bei Unstimmigkeiten müssen die Werte noch mal gefahren werden. Unter Umständen ist ein geringes Variieren der Drehzahl erforderlich, um den charakteristischen Punkt zu erreichen.

---
* Wie eine Meßstrecke aussehen kann, finden Sie im Anhang S. 136

DATEN VON DER MESS-STRECKE

Ist diese erste Runde so weit klar, greift man sich jeden Punkt heraus und versucht durch unterschiedliche Trimmklappenstellung die gefahrene Zeit bei gleicher Drehzahl zu verkürzen.
Prinzip: Drehzahlsteigerungen bei unveränderter Gashebelstellung bzw. Verkürzung der Meßzeit sind eindeutige Indizien für wirtschaftliches Fahren.
Wenn sich im Gleitbereich keine Optimierung der Verhältnisse durch Trimmklappenstellung erreichen läßt, sollten Sie das Boot auf alle Fälle mal hecklastig trimmen und dann die Meßfahrten wiederholen, da manche Rümpfe zu flach laufen, was zu zusätzlichem Anstieg des Widerstandes bei Vertrimmung durch die Klappen führt.

Anhang

Pferdestärken [PS] in Kilowatt [kW]										
1 PS = 0,7355 kW										
PS	**0**	**1**	**2**	**3**	**4**	**5**	**6**	**7**	**8**	**9**	**PS**
0	0	0,7355	1,47	2,21	2,94	3,68	4,41	5,15	5,88	6,62	0
10	**7,36**	**8,09**	**8,83**	**9,56**	**10,30**	**11,03**	**11,77**	**12,50**	**13,24**	**13,97**	**10**
20	14,71	15,45	16,18	16,92	17,65	18,39	19,12	19,86	20,59	21,33	20
30	**22,07**	**22,80**	**23,54**	**24,27**	**25,01**	**25,74**	**26,48**	**27,21**	**27,95**	**28,68**	**30**
40	29,42	30,16	30,89	31,63	32,36	33,10	33,83	34,57	35,30	36,04	40
50	**36,78**	**37,51**	**38,25**	**38,98**	**39,72**	**40,45**	**41,19**	**41,92**	**42,66**	**43,39**	**50**
60	44,13	44,87	45,60	46,34	47,07	47,81	48,54	49,28	50,01	50,75	60
70	**51,49**	**52,22**	**52,96**	**53,69**	**54,43**	**55,16**	**55,90**	**56,63**	**57,37**	**58,10**	**70**
80	58,84	59,58	60,31	61,05	61,78	62,52	63,25	63,99	64,72	65,46	80
90	**66,20**	**66,93**	**67,67**	**68,40**	**69,14**	**69,87**	**70,61**	**71,34**	**72,08**	**72,81**	**90**
100	73,55	74,29	75,02	75,76	76,49	77,23	77,96	78,70	79,43	80,17	100

Der Gebrauch dieser Tabelle ist sehr einfach. Sie suchen auf der senkrechten Skala die Zehner und auf der Horizontalen die Einer. Im Schnittpunkt liegt das Ergebnis.
Beispiel: 48 PS sollen in kW umgerechnet werden.
Sie gehen senkrecht bis 40 und waagerecht bis 8, am Schnittpunkt ist das Ergebnis.
48 PS = 35,30 kW
Bei Werten über 100 muß man das Komma entsprechend verschieben.

ANHANG

Kilowatt [kW] in Pferdestärken [PS]										
1 kW = 1,3596 PS										
kW	0	1	2	3	4	5	6	7	8	9	kW
0	0	1,3596	2,72	4,08	5,44	6,80	8,16	9,52	10,88	12,24	0
10	**13,60**	**14,96**	**16,32**	**17,67**	**19,03**	**20,39**	**21,75**	**23,11**	**24,47**	**25,83**	**10**
20	27,19	28,55	29,91	31,27	32,63	33,99	35,35	36,71	38,07	39,43	20
30	**40,79**	**42,15**	**43,51**	**44,87**	**46,23**	**47,59**	**48,95**	**50,31**	**51,66**	**53,02**	**30**
40	54,38	55,74	57,10	58,46	59,82	61,18	62,54	63,90	65,26	66,62	40
50	**67,98**	**69,34**	**70,70**	**72,06**	**73,42**	**74,78**	**76,14**	**77,50**	**78,86**	**80,22**	**50**
60	81,58	82,94	84,30	85,65	87,01	88,37	89,73	91,09	92,45	93,81	60
70	**95,17**	**96,53**	**97,89**	**99,25**	**100,61**	**101,97**	**103,33**	**104,69**	**106,05**	**107,41**	**70**
80	108,77	110,13	111,49	112,85	114,21	115,57	116,93	118,29	119,64	121,00	80
90	**122,36**	**123,72**	**125,08**	**126,44**	**127,80**	**129,16**	**130,52**	**131,88**	**133,24**	**134,60**	**90**
100	135,96	137,32	138,68	140,04	141,40	142,76	144,12	145,48	146,84	148,20	100

Der Umgang mit dieser Umrechnungstafel ist sehr einfach. Sie suchen auf der senkrechten Skala die Zehner und auf der horizontalen die Einer. Im Schnittpunkt liegt das Ergebnis.
Beispiel: 48 kW sollen in PS umgewandelt werden.
Sie gehen senkrecht bis 40 und waagerecht bis 8, am Schnittpunkt liegt das Ergebnis.
48 kW = 65,26 PS
Bei Werten über 100 muß das Komma entsprechend verschoben werden.

So finden Sie die Umrechnungswerte!
Beispiel: 53 sm = ?? km
Sie gehen senkrecht bis 50 sm / waagerecht bis 3 sm
Am Schnittpunkt liegt das Ergebnis (98,16 km)
Bei Werten über 100 sm wird das Komma entsprechend verschoben.
53 sm = 98,16 km / 530 sm = 981,6 km

ANHANG

Kilometer [km] in Seemeilen [sm]
Kilometres [km.] in Nautical miles [n.mi]
1 Kilometer ≙ 0,5400 Seemeilen

zahlenmäßig identisch
Kilometer pro Stunde
in Knoten

km	0	1	2	3	4	5	6	7	8	9	km
0	0	0,54	1,08	1,62	2,16	2,70	3,24	3,78	4,32	4,86	0
10	5,40	5,94	6,48	7,02	7,56	8,10	8,64	9,18	9,72	10,26	10
20	10,80	11,34	11,88	12,42	12,96	13,50	14,04	14,58	15,12	15,66	20
30	16,20	16,74	17,28	17,82	18,36	18,90	19,44	19,98	20,52	21,06	30
40	21,60	22,14	22,68	23,22	23,76	24,30	24,84	25,38	25,92	26,46	40
50	27,00	27,54	28,08	28,62	29,16	29,70	30,24	30,78	31,32	31,86	50
60	32,40	32,94	33,48	34,02	34,56	35,10	35,64	36,18	36,72	37,26	60
70	37,80	38,34	38,88	39,42	39,96	40,50	41,04	41,58	42,12	42,66	70
80	43,20	43,74	44,28	44,82	45,36	45,90	46,44	46,98	47,52	48,06	80
90	48,60	49,14	49,68	50,22	50,76	51,30	51,84	52,38	52,92	53,46	90
100	54,00	54,54	55,08	55,62	56,16	56,70	57,24	57,78	58,32	58,86	100

Seemeilen [sm] in Kilometer [km]
Nautical miles [n.mi] in Kilometres [km.]
1 Seemeile ≙ 1,8520 Kilometer

zahlenmäßig identisch
Knoten
in Kilometer pro Stunde

sm	0	1	2	3	4	5	6	7	8	9	sm
0	0	1,85	3,70	5,56	7,41	9,26	11,11	12,96	14,82	16,67	0
10	18,52	20,37	22,22	24,08	25,93	27,78	29,63	31,48	33,34	35,19	10
20	37,04	38,89	40,74	42,60	44,45	46,30	48,15	50,00	51,86	53,71	20
30	55,56	57,41	59,26	61,12	62,97	64,82	66,67	68,52	70,38	72,23	30
40	74,08	75,93	77,78	79,64	81,49	83,34	85,19	87,04	88,90	90,75	40
50	92,60	94,45	96,30	98,16	100,01	101,86	103,71	105,56	107,42	109,27	50
60	111,12	112,97	114,82	116,68	118,53	120,38	122,23	124,08	125,94	127,79	60
70	129,64	131,49	133,34	135,20	137,05	138,90	140,75	142,60	144,46	146,31	70
80	148,16	150,01	151,86	153,72	155,57	157,42	159,27	161,12	162,98	164,83	80
90	166,68	168,53	170,38	172,24	174,09	175,94	177,79	179,64	181,50	183,35	90
100	185,20	187,05	188,90	190,76	192,61	194,46	196,31	198,16	200,02	201,87	100

ANHANG

Zentimeter [cm] in Zoll ["]
Centimetre [cm.] in Inch [in]
1 Zentimeter ≙ 0,3937 Zoll

Zentimeter	Zoll	Zentimeter	Zoll	Zentimeter	Zoll
1	0,39	16	6,30	35	13,78
2	**0,79**	**17**	**6,69**	**40**	**15,75**
3	1,18	18	7,09	45	17,72
4	**1,57**	**19**	**7,48**	**50**	**19,69**
5	1,97	20	7,87	55	21,65
6	**2,36**	**21**	**8,27**	**60**	**23,62**
7	2,76	22	8,66	65	25,59
8	**3,15**	**23**	**9,06**	**70**	**27,56**
9	3,54	24	9,45	75	29,53
10	**3,94**	**25**	**9,84**	**80**	**31,50**
11	4,33	26	10,24	85	33,46
12	**4,72**	**27**	**10,63**	**90**	**35,43**
13	5,12	28	11,03	95	37,40
14	**5,51**	**29**	**11,42**	**100**	**39,37**
15	5,91	30	11,81	105	41,34

Zoll ["] in Zentimeter [cm]
Inch [in] in centimetre [cm]
1 Zoll ≙ 2,54 Zentimeter

Zoll	Zentimeter	Zoll	Zentimeter
1	2,54	7	17,78
2	**5,08**	**8**	**20,32**
3	7,62	9	22,86
4	**10,16**	**10**	**25,40**
5	12,70	11	27,94
6	**15,24**	**12**	**30,48**

Fuß ['] in Meter [m]
Foot [ft] in Meter [m]
1 Fuß entspricht ≙ 0,3048 m

Fuß	Meter	Fuß	Meter
1	0,305	31	9,449
2	**0,610**	**32**	**9,754**
3	0,914	33	10,058
4	**1,219**	**34**	**10,363**
5	1,524	35	10,668
6	**1,829**	**36**	**10,973**
7	2,134	37	11,278
8	**2,438**	**38**	**11,582**
9	2,743	39	11,887
10	**3,048**	**40**	**12,192**
11	3,353	41	12,497
12	**3,658**	**42**	**12,802**
13	3,962	43	13,106
14	**4,267**	**44**	**13,411**
15	4,572	45	13,716
16	**4,877**	**46**	**14,021**
17	5,182	47	14,326
18	**5,486**	**48**	**14,630**
19	5,791	49	14,935
20	**6,096**	**50**	**15,240**
21	6,401	51	15,545
22	**6,706**	**52**	**15,850**
23	7,010	53	16,154
24	**7,315**	**54**	**16,459**
25	7,620	55	16,764
26	**7,925**	**56**	**17,069**
27	8,230	57	17,374
28	**8,534**	**58**	**17,678**
29	8,839	59	17,983
30	**9,144**	**60**	**18,288**

ANHANG

Meter [m] in Fuß [']			
Metre [m] in Foot [ft]			
1 Meter ≙ 3,2808 Fuß			
Meter	Fuß	Meter	Fuß
1	3,28	11	36,09
2	**6,56**	**12**	**39,37**
3	9,84	13	42,65
4	**13,12**	**14**	**45,93**
5	16,40	15	49,21
6	**19,69**	**16**	**52,49**
7	22,97	17	55,77
8	**26,25**	**18**	**59,06**
9	29,53	19	62,34
10	**32,81**	**20**	**65,62**

Dezimalwerte von Fußzahlen in Zentimeter 1 Fuß ≙ 30,48 Zentimeter			
Fuß	**Zentimeter**	**Fuß**	**Zentimeter**
0,1	3,05	0,6	18,29
0,2	**6,10**	**0,7**	**21,34**
0,3	9,14	0,8	24,38
0,4	**12,19**	**0,9**	**27,43**
0,5	15,24	1,0	30,48

So finden Sie die Umrechnungswerte:
Beispiel: 62 M. = ?? sm
Sie gehen senkrecht bis 60 M. / waagerecht bis 2 M.
Am Schnittpunkt liegt das Ergebnis (53,88 sm)
Bei Werten über 100 M. wird das Komma entsprechend verschoben
62 M. = 53,88 sm / 620 M. = 538,8 sm

Meßwerte, Angaben in Prospekten und auf Meßinstrumenten im anglo-amerikanischen Sprachraum sind auf die Landmeile (statute mile) bezogen. Das gilt auch für die Geschwindigkeitsangaben in miles per hour (m.p.h.). Liegen den Angaben Seemeilen zugrunde, so ist dies ausdrücklich gesagt (n.mi. = nautical mile).

Seemeilen [sm] in Meilen [M.]   1 Seemeile ≙ 1,1508 Meilen
Nautical miles [n.mi] in Statute miles [mi]

sm	0	1	2	3	4	5	6	7	8	9	sm
0	0	1,15	2,30	3,45	4,60	5,75	6,90	8,06	9,21	10,36	0
10	11,51	12,66	13,81	14,96	16,11	17,26	18,41	19,56	20,71	21,86	10
20	23,02	24,17	25,32	26,47	27,62	28,77	29,92	31,07	32,22	33,37	20
30	34,52	35,67	36,82	37,98	39,13	40,28	41,43	42,58	43,73	44,88	30
40	46,03	47,18	48,33	49,48	50,63	51,79	52,94	54,09	55,24	56,39	40
50	57,54	58,69	59,84	60,99	62,14	63,29	64,44	65,59	66,75	67,90	50
60	69,05	70,20	71,35	72,50	73,65	74,80	75,95	77,10	78,25	79,40	60
70	80,55	81,71	82,86	84,01	85,16	86,31	87,46	88,61	89,76	90,91	70
80	92,06	93,21	94,36	95,51	96,67	97,82	98,97	100,12	101,27	102,42	80
90	103,57	104,72	105,87	107,02	108,17	109,32	110,47	111,63	112,78	113,93	90
100	115,08	116,23	117,38	118,53	119,68	120,83	121,98	123,13	124,28	125,43	100

Meile [M.] in Seemeilen [sm]   1 Meile ≙ 0,8690 Seemeilen
Statute miles [m. od. mi] in Nautical miles [n.mi]

mi	0	1	2	3	4	5	6	7	8	9	mi
0	0	0,87	1,74	2,61	3,48	4,34	5,21	6,08	6,95	7,82	0
10	8,69	9,56	10,43	11,30	12,17	13,03	13,90	14,77	15,64	16,51	10
20	17,38	18,25	19,12	19,99	20,86	21,72	22,59	23,46	24,33	25,20	20
30	26,07	26,94	27,81	28,68	29,55	30,41	31,28	32,15	33,02	33,89	30
40	34,76	35,63	36,50	37,37	38,23	39,10	39,97	40,84	41,71	42,58	40
50	43,45	44,32	45,19	46,06	46,92	47,79	48,66	49,53	50,40	51,27	50
60	52,14	53,01	53,88	54,75	55,61	56,48	57,35	58,22	59,09	59,96	60
70	60,83	61,70	62,57	63,44	64,30	65,17	66,04	66,91	67,78	68,65	70
80	69,52	70,39	71,26	72,13	72,99	73,86	74,73	75,60	76,47	77,34	80
90	78,21	79,08	79,95	80,81	81,68	82,55	83,42	84,29	85,16	86,03	90
100	86,90	87,77	88,64	89,50	90,37	91,24	92,11	92,98	93,85	94,72	100

ANHANG

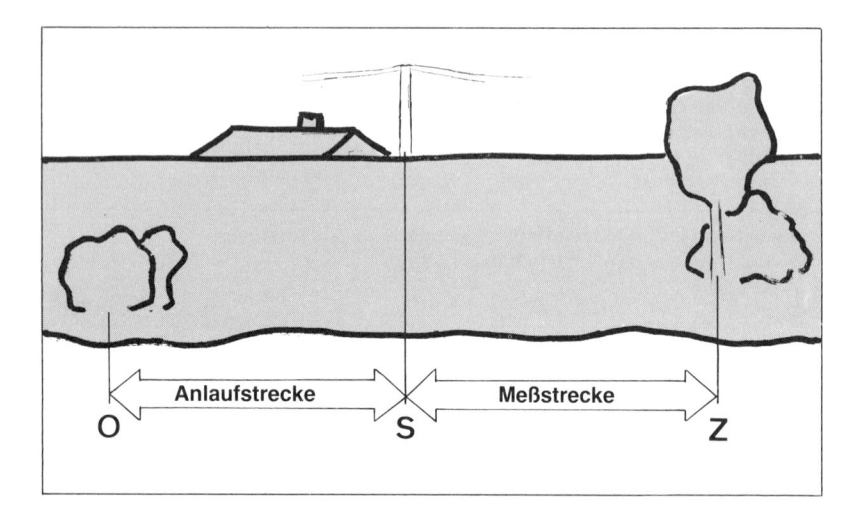

Die Auswahl der Meßstrecke hängt von den Fahreigenschaften Ihres Bootes ab. Man sucht sie, indem man von einem beliebigen Punkt 0 aus Gas gibt, den Motor bis auf maximale Drehzahl kommen läßt, wartet bis das Boot einwandfrei mit Höchstgeschwindigkeit fährt und wählt nach etwa 10 s einen Punkt in der Landschaft, den man gut querpeilen kann (S). Für den jeweils fliegenden Start fährt man „full speed" etwa 20 s und wählt dann einen Punkt (Z) als Ziel zum Abschluß der Messung. Es empfiehlt sich, eine von hoher Uferböschung geschützte Strecke zu suchen etwa in einem Schleusengraben oder Kanal, um die Messungen in Ruhe (außerhalb des Fahrwassers) durchführen zu können. Messungen immer in eine Richtung fahren.

Wenn die Länge der Strecke bekannt ist und Sie die Zeiten auf Geschwindigkeiten umrechnen wollen, müssen Sie auch Strom und Wind berücksichtigen, so daß meist eine Fahrt hin und zurück notwendig wird. Dann muß die Meßstrecke auch hinter dem Punkt Z noch viel Platz bieten, damit man ohne Gashebel-Verstellung einen Kreis fahren kann, um wieder mit fliegendem Start durch die Meßstrecke zu gehen.

Diese Tabelle sollten Sie sich einige Male fotokopieren oder nachzeichnen, damit Sie eine übersichtliche Vorlage für die verschiedenen Meßfahrten haben. Es ist unwesentlich, ob Sie in der mittleren Spalte mit der Geschwindigkeit oder mit der Zeit in Sekunden arbeiten. In der schmalen Spalte mit dem Winkelsymbol sollten Sie den Wert der Trimmklappenanzeige notieren.

Drehzahl [1/min]			Geschwindigkeit [kn] oder Zeit [sec]			Trimmwinkel [°]		
Trimmklappen-stellung		$\sphericalangle°$	Trimmklappen-stellung		$\sphericalangle°$	Trimmklappen-stellung		$\sphericalangle°$
null	angestellt		null	angestellt		null	angestellt	

ANHANG

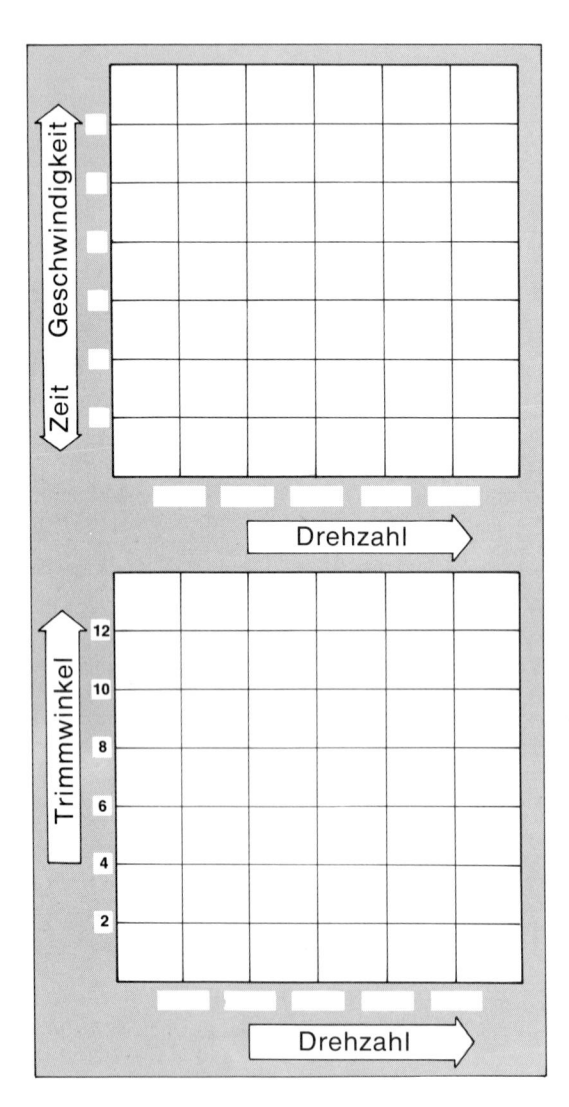

Geschwindigkeits- und Trimmwinkel-Diagramm in Abhängigkeit von der Motordrehzahl. Hier werden die Werte aus der Tabelle links eingetragen. Versuchen Sie bei der Eintragung die Felder möglichst gut auszunützen. Tragen Sie die Höchstdrehzahl ganz rechts ein und nehmen Sie mindestens zwei Felder für 1000 Umdrehungen. Die senkrechte Skala beginnen Sie mit der Maximalgeschwindigkeit bzw. mit der bei Vollgas gemessenen Zeit ganz oben. Die Skala des Trimmwinkels haben wir Ihnen bereits vorgegeben, da Werte über 14° sehr selten sind.

Quellenverzeichnis

Fachliteratur

Willi Bohl: Technische Strömungslehre, Vogel-Verlag
Hans Donat: Yachtbordbuch 1, Außenborder, Kleine Boote selbst gebaut, Ausbau von Bootsrümpfen, Bootsmotoren, Sicherheit und Technik auf Segelyachten, Verlag Delius, Klasing & Co., Bielefeld
Dubbel, Taschenbuch für den Maschinenbau, Springer-Verlag, Berlin/Heidelberg/ New York
Gert Hack: Autos schneller machen, Motorbuch Verlag
Edwin P. A. Heinze: Du und der Motor, Deutscher Bücherbund
Helmut Hütten: Motoren, Motorbuch Verlag
W.-H. Isay: Moderne Probleme der Propellertheorie, Springer Verlag
Kamprath-Reihe, Technik kurz und bündig, Vogel-Verlag
K. Marconi: Wie konstruiert und baut man ein Boot, Verlag Delius, Klasing & Co.
Oosterveld/van Oossanen: Further Computer-Analyzed Data of the Wageningen B-Screw Series, Publication of the Netherlands Ship Model Basin, No. 479
L. Troost: Open-water test series with modern propeller forms, Part 1 n 2, Threebladed propellers, Publication of the Netherlands Ship Model Basin, No. 42

Zeitschriften / Kataloge

YACHT, BOOTE, Klasings Bootsmarkt international, Delius, Klasing & Co.
Boat Owner, Modern boating, Nautica, Yachting, Yachts and Yachting

Sonstige Informationsschriften

Kreuzer-Abteilung des Deutschen Segler-Verbandes e. V., Gründgenstraße 18, 2000 Hamburg 60. Sicherheitsrichtlinien für die Ausrüstung und Sicherheit seegehender Segelyachten einschließlich der Special Regulations des Offshore Rating Council
Germanischer Lloyd, Vorsetzen 32, 2000 Hamburg 11.
Richtlinien für den Bau und die sicherheitstechnische Ausrüstung von kleinen Wassersportfahrzeugen. Vorschriften für den Bau und die Klassifikation von Yachten.

ANHANG

Icomia, The International Council of Marine. Industry Associations, Boating Industry House, Vale Road, Oatlands, Weybridge, Surrey KT 13 9NS, England.
Safety & Quality Standards for the Building of Recreational Craft
Technische Unterrichtung, Bosch

Allgemeine Motoren- und Propellerunterlagen, Werkstattbücher, Betriebsanleitungen

BMW, Bukh, Castoldi, Chrysler, Cummins, DAF, Daimler, Delta-Lloyd, Deutz, Farymann, Ford, Ford-Castoldi, Ford C-T, Ford-Lehmann, G & M, Hatz, Ilo, KHD, Lister, M.A.N., Marine-Craft-Ford, Mercedes, Mercury, MTU, MWM, Nauti-Craft (Ford), OMC, Perkins, Peugeot, Peugeot Indenor, Porsche, Renault, Sole, Schlüter, Variant, Vire, Volvo, VW, Watermota, Wizemann, Yanmar.
Evinrude, Honda, Johnson, König, Mariner, Mercury, OMC Sea Drive, Panther, Selva, Suzuki, Volvo Penta, Yamaha

Stichwortverzeichnis A–Z

Akustische Warnung 77
Ansaugluft/Kraftstoff 14
Anströmgeschwindigkeit des Propellers 38, 42
Antifouling 90
Auspuff 86
Außenborder/Propeller-Abstimmung 58

Belastungsgrad des Propellers 46
Benziner/Propeller-Abstimmung 58
Betriebsbedingungen, richtige/Motor 85
Bewuchs 90
Boot beurteilen 16

Daten des Bootes 16
Dauerfahrt, wirtschaftliche 108
Dieselmotoren/Propeller-Abstimmung 58

Drehzahl des Propellers 44
Drehzahlmesser 77
Durchmesser des Propellers 48
Durchmesserfläche 36

Energie-Bilanz 14

Fahren mit Log 83
Fahrverhalten, charakteristisches 60
Feinfilter 86
Flügelfläche 36
Flächenverhältnis 36
Formwiderstand 101
Frischwasser-Kreislauf 88

Geschwindigkeit des Propellers 38
–, relative 18
– /Verbrauch 112
- smessung 81
Getriebeuntersetzung 44

STICHWORTVERZEICHNIS

Gleitbeginn 59
Gleiter, Fahrverhalten 67
–, Krankheiten von 70
– /Leistungsgrenze 18

Halbgleiter, Fahrverhalten 64
–, Rumpfformen 64
– /Leistungsgrenze 18
– /Motorisierung 22
Höchstgeschwindigkeit 19
Höchstleistung nach BIA 24

Instrumentierung des Motors 74

Keilriemenspannung 76
Konservierung des Motors 89
Korrosionsschutz/Motor 89
Kraftstoff/Ansaugluft 14
– System 86
– /Trimm 14
– /Wirkungsgrad 14
Kraftstoff-Verbrauch/Dauerfahrt 108
– /Daumenpeilung 80
– /Geschwindigkeit 112
–, spezifischer 57
– /Teillast 57
– /Trimm 114
Kühlwasser/Wärme 87
Kurvenverhalten 116

Ladekontrolle 76
Längstrimm 116
Lautstärke 110
Leistung des Propellers 44
Leistung DIN 6270 B 44
Leistung ICOMIA, BIA 44
Leistungsgewicht 26
- sgrenze des Bootes 18
- skontrolle mit Drehzahlmesser 78
Log, Kontrolle des 82
Luftfilter 85
Luft zur Verbrennung 85

Messen mit Bordinstrumenten 102
Meßfahrten, Diagramme für 138
–, Tabelle für 136
Meßstrecke 136
–, Daten von der 127
Mitstrom 36, 42
Motorisierung 20
– nach BIA 24
– /Testwerte 32
Motoröl 88
Motor/Propeller 56
– qualmt 87
- segler/Motorisierung 22
- überwachung 74
- yacht/Motorisierung 22

Nachstrom 36, 42
Nennleistung, empfehlenswerte 23
Normaltrimm 98

Öldruck-Kontrolle 74
Öl zur Schmierung 88

Propeller-Abstimmung 58
– Anströmgeschwindigkeit 38, 42
– Art/Testwerte 31
– Belastungsgrad 46
– Drehzahl 44
– Durchmesser 48
– Flächenverhältnis 36
– Geschwindigkeit 36, 38
– Geschwindigkeit, theoretische 40
– Leistung 44
– Leistungsaufnahme 57
– Maße 36
– Maße/Testwerte 31
–, richtiger 28
– Schäden 91
– Schraubentheorie 38
–, So finden Sie den optimalen 35
– Steigung 48
– Steigungsverhältnis 48

STICHWORTVERZEICHNIS

- Theorie 36
- Versuche, Wageninger 46
- Wahl mit Drehzahlmesser 77
- Weg 40
- Wirkungsgrad 50
- Wirkungsgrad/Kraftstoff 14
- Wirkungsgrad, so finden Sie 34
- zu großer/Testwerte 33

Quertrimm 116

Reibungswiderstand 101
Reichweite 78
- /Log 83
Relative Geschwindigkeit 18
Rennboote/Motorisierung 22

Seewasserfilter 88
Segelyacht/Motorisierung 22
Schaftneigung/Testwerte 33
Schlupf 40
Schmieröl 88
Schub 46
Schwungrad-Leistung 50
Slip 40
Spezifischer Verbrauch 57
Staukeile oder Trimmklappen 123
-, Selbstbau von 124
- /Wirkungsweise 120
Steigung 36
- des Propellers 48
- sverhältnis 48

Tankentlüftung 86
Teillastbereich 57
Thermostat 76
Trimm/Geschwindigkeit 98
- in Fahrt 98
- in Ruhelage 96
-, optimaler 96
- Optimierung 104

- /Verbrauch 114
Trimmklappen oder Staukeile 123
- Selbstbau 124
- Anbau 124
- Stellung, optimale 126
- steuerbare 120
-, was bringen 116
- /Wirkungsweise 120
Trimmwinkel des Bootes 100

Untermotorisierung/Testwerte 32
Untersetzungsverhältnis 44

Verbrauch/Dauerfahrt 108
- Kraftstoff/Daumenpeilung 80
- /Geschwindigkeit 112
-, spezifischer 57
- /Teillast 57
- /Trimm 114
Verbrennung 86
- sluft 85
Verdränger, Fahrverhalten 61
- /Leistungsgrenze 18
- /Motorisierung 22
Vollast-Linie 56
Vorfilter 86
Verluste, unsichtbare 14

Wärmetauscher 76
Wartungsfehler 86
Wasserabscheider 86
Werterhaltung 89
Widerstand 101
Wirkungsgrad des Propellers 50
- /Dreiflügler 52, 54
- Motor/Propeller 50
-, realistischer 51
-, so finden Sie den 34
- /Zweiflügler 55
Wirtschaftlich fahren 108
Wirtschaftlichkeit/Drehzahlmesser 78

Hans Donat
Außenborder
Kaufen – fahren – pflegen – reparieren

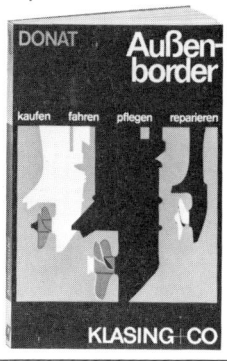

Die meisten Außenbordmotoren laufen, auch an Motorbooten, nicht einmal 50 Stunden im Jahr. Das ist wenig und eine so niedrige Betriebsstundenzahl erfordert ständige Pflege des Motors, wenn er im Bedarfsfall einsatzbereit sein soll. Dieses Buch gibt Anleitungen für diese Pflege, es zeigt, wie man die Wartung selber vornehmen kann und was dabei zu tun ist, es geht schließlich an Hand von Tabellen Störungen auf den Grund und hilft bei ihrer Beseitigung.

120 Seiten mit 83 Zeichnungen

Hans Donat
Bootsmotoren – Diesel und Benzin
Kaufen – fahren – pflegen – reparieren

Der erfahrene Autor legt hier das Gegenstück zu seinem Buch über die Außenborder vor. In ihm geht es um Hilfe beim Kaufen, Fahren und Warten von eingebauten Otto- und Dieselmotoren. Benzin oder Diesel? Luft- oder Wasserkühlung? Leistungsvergleich, das Umrüsten zu einem Bootsmotor, die verschiedenen Antriebsarten, Fahrweise und Lebensdauer, Leitung vom Tank zum Speedometer, der Verbrauch, der Wartungsplan, das Konservieren, Reparaturen, Bordwerkzeug, Ersatzteile – das sind einige Themen dieses nützlichen Buches. Viele Zeichnungen, Schaubilder und Graphiken in allen Kapiteln ergänzen den Text und machen die Technik verständlich.

192 Seiten mit 95 z. T. ganzseitigen Zeichnungen und Graphiken sowie 19 Tabellen

Die **KLEINE YACHT-BÜCHEREI** ist die preiswerte Bibliothek für eingehendes Fachwissen auf vielerlei Spezialgebieten. Diese Bände (Preisänderungen vorbehalten) sind lieferbar:

1 Das kleine Sternenbuch
von W. Stein — DM 15,80

4 Navigation leicht gemacht
von W. Stein — DM 16,80

8 Wetterkunde
von W. Stein — DM 14,80

9 Knoten, Spleißen, Takeln
von E. Sondheim — DM 14,80

10 Funknavigation auf kleinen Schiffen von A. Stahnke — DM 16,80

13 8 x Wassersport (Wörterbuch)
von B. Webb — DM 12,80

16 Elektrizität auf Yachten
von U. Mohr — DM 13,80

21 Astronomische Navigation
von W. Stein — DM 16,80

25 Beaufort 10 – was tun?
von F. Robb — DM 13,80

27 Medizin an Bord
von Dr. K. Bandtlow — DM 14,80

28 Kleines Signalbuch
von E. O. Braasch — DM 11,80

29 Allgemeines Sprechfunkzeugnis für den Seefunkdienst
v. Overschmidt/Johann — DM 16,80

32 Bootspflege selbst gemacht
von J. Schult — DM 15,80

33 Bootsreparaturen selbst gemacht
von J. Schult — DM 11,80

34 Praktisches Navigieren nach Gestirnen von M. Blewitt — DM 11,80

39 So arbeitet das Segel
von J. Schult — DM 15,80

40 Segeltechnik leicht gemacht
von J. Schult — DM 15,80

41 Richtig ankern
von J. Schult — DM 15,80

42 Segeln mit dem 7. Sinn I
von J. Schult — DM 14,80

47 Außenborder
von H. Donat — DM 12,80

48 Segeln mit dem 7. Sinn II
von J. Schult — DM 14,80

49 Die neue Seestraßenordnung für den Sportschiffer
von A. Bark — DM 14,80

50 Spinnakersegeln
von B. Aarre — DM 11,80

52 Kleine Boote selbst gebaut
von H. Donat — DM 14,80

54 Die Wettsegelbestimmungen 1981-1984 v. E. Twiname — DM 16,80

55 Bootsmotoren – Diesel u. Benzin
von H. Donat — DM 15,80

57 Die neue Seeschiffahrtstraßen-Ordnung für den Sportschiffer
von A. Bark — DM 14,80

59 Segler-Lexikon
von J. Schult (Doppelband) DM 32,—

60 Hafenmanöver
von B. Schenk — DM 15,80

63 Bordinstrumente auf Motoryachten von J. F. Muhs — DM 15,80

64 Taschenrechner in der Navigation
von B. Schenk — DM 15,80

66 UKW-Sprechfunkzeugnis
von G. Hommer — DM 15,80

67 Kompaß-ABC
von A. Heine — DM 16,80

68 Wie baue ich meine Yacht?
von K. Reinke — DM 16,80

69 Formeln und Ratschläge für die terrestrische Navigation mit Elektronenrechnern
von H.-G. Strepp — DM 17,80

70 Chartern ohne Risiko
v. Herrmann/Hintzenstern — DM 15,80

71 Richtig versichert?
von A. Pods — DM 14,80

72 Notfälle an Bord – was tun?
von J. Schult (Doppelband) DM 29,80

73 Mehr Meilen mit weniger Sprit
von H. Donat — DM 15,8

74 Psychologie an Bord
von M. Stadler — DM 16,8

Die Bibliothek wird laufend erweitert. Fragen Sie bitte Ihren Buchhändler und beachten Sie unsere Ankündigungen.

**Verlag Klasing + Co
Bielefeld**